数据价值与产品化设计

李满海　辛向阳　著

机 械 工 业 出 版 社

本书从设计学角度系统地整理了数据用于决策的设计工具和方法，阐述了从数据作为商品视角去应用设计思维，提出了多级的数据产品理念以及产品化设计路径，同时列举了大量的案例，增强了本书的实用性。

本书内容主要包括数据经济时代、数据作为产品、数据加工模式、数据的价值感知、数据产品化要点、数据升级加工和数据产品化设计。

本书可供从事与数据相关的社会实践者，包括管理者、工程师、设计师，以及从事与数据相关的学术研究者，包括哲学、设计学、艺术学等人员阅读；同时也可供设计类专业的高校师生参考。

图书在版编目（CIP）数据

数据价值与产品化设计／李满海，辛向阳著.
—北京：机械工业出版社，2020.2（2022.1 重印）
ISBN 978－7－111－64364－7

Ⅰ.①数… Ⅱ.①李… ②辛… Ⅲ.①数据处理-产品设计
Ⅳ.①TP274

中国版本图书馆 CIP 数据核字（2019）第 290441 号

机械工业出版社（北京市百万庄大街 22 号 邮政编码 100037）
策划编辑：冯春生　　　　　　　　责任编辑：冯春生
责任校对：宋逍兰　杜雨霏　　　　责任印制：张　博
北京中科印刷有限公司印刷

2022 年 1 月第 1 版·第 2 次印刷
184mm×260mm·9.75 印张·151 千字
标准书号：ISBN 978－7－111－64364－7
定价：32.00 元

电话服务　　　　　　　　　　　网络服务
客服电话：010-88361066　　　　机　工　官　网：www.cmpbook.com
　　　　　010-88379833　　　　机　工　官　博：weibo.com/cmp1952
　　　　　010-68326294　　　　金　书　网：www.golden-book.com
封底无防伪标均为盗版　　　　机工教育服务网：www.cmpedu.com

前　言

从 2004 年到 2018 年，我一直在中兴通讯从事产品研发工作，期间研究院的名字换了几回，但是工作内容基本没变，始终围绕着"云计算"和"大数据"去设计和开发几十种业务产品。2005 年我申请了"利用智能网实现语音识别自动拨号"的技术发明专利，那年科大讯飞研究院才刚刚成立。2011 年我所在的团队研发的语音信箱业务已经服务全球超过 1 亿人，那年微信才上线。

在通信行业，技术发展可谓日新月异。仔细研究发现：所有技术都在为"数据产品化"服务；所谓的数字化系统实质是数据的加工场所；诸如 5G 技术、人工智能技术、虚拟现实技术都只是手段，数据才是根本！我们需要搞清楚数据是什么以及数据产品化的内在逻辑，才能发现深层次的创新机会。

为什么写这本书

网上书店可检索出近八万本与数据相关的书籍，大致可以分为两大类：一类是介绍与数据相关的专业技术，如大数据挖掘、分布式存储和数据可视化等；另一类是阐述数据在各行各业的实践应用。这些书籍在不断强调数据拥有的巨大价值，但是以下这些不可回避的现实问题却没有被回答：

问题一：从理论上说，拥有稀缺数据源的企业将拥有持久的竞争优势，然而实际上，许多企业在数据投资上耗费了大量的人力财力，也取得了广泛的关注与专业性的口碑，但是却没有获得预期的回报。那么是否因为数据存在价值层次而导致数据的潜在价值没有被充分地挖掘出来？如果是，那么数据价值层次之间是怎样的递进关系？

问题二：市场上存在各种各样的数据应用平台，向用户提供多样化和个性化的数据服务或产品。同样的数据经过不同方式的经营，产生的价值差异很大，为什么有的数据价值能够实现指数级增长？而为什么有的数据价值表现一般？

问题三：同样的数据加工品带给人们感受到的实际价值会因人而异，也会因使用场景而产生差异。在数据产品化前期进行价值机会点分析时，设计师需要考虑哪些影响因素？在数据产品化过程中通过哪些举措可以提升用户对数据价值的感知？

为了深究这些商业现象背后的问题根源，我决定攻读博士。在学习期间，我查阅了近500篇国内外学术论文，其中90%是国际刊物，包括最近十几年《自然》和《科学》等顶级杂志关于数据相关的研究进展。当然也少不了到一线调研，先后专程到美国硅谷和英国伦敦参访了脸书（Facebook）、谷歌（Google）、爱彼迎（Airbnb）、英国广播公司（BBC）等企业，走访了国内北上广深等9个城市，访谈了阿里巴巴、金蝶软件、今日头条等36位与数据产品相关的代表人物，有的是公司的首席运营官，有的是该领域的首席科学家，有的是部门的设计主管。这些调研材料经过哲学抽象后，诞生了我的博士论文《基于价值维度的数据产品化设计研究》。这是一篇从设计学角度论述数据产品化的理念和方法的学术研究成果，希望这些成果不仅能够解答企业实践中出现的现象问题，而且能够揭晓现象背后的规律，进而指导企业实践。

在博士导师辛向阳教授的鼓励和支持下，我们决定将博士研究过程积累的几十个案例打散重构，从读者方便理解的角度将核心成果表达出来，希望学术成果能够指导企业实践，产生出商业价值。

本书的主要内容

本书定位是一本偏学术的专著，通过理论探讨和案例验证，力争让每个章节都能有自己的观点，依次如下：

第1章，数据经济时代。本书从数据正在经历"离线"到"在线"、"静止"到"流动"、"封闭"到"开放"的过渡过程开始讲起，阐述在数据作为资源的大趋势下，数据产品化的市场前景值得期待，然后对本书所要描述的"数据"范畴做界定。

第2章，数据作为产品。这是本书的核心章节，提出数据产品化的相关观点，不仅对"数据产品"概念和特性进行定义，而且将数据产品划分为零级、一级和二级三个级别，同时整理出不同级别数据产品的基本特征，并列举案例进行说明。

第3章，数据加工模式。数据产生价值的过程可以抽象成单环加工和双环加工模式；数据加工可以分为"点、线、面"三个层次；人们可以通过从"自动化、实时化、模板化"三个方式来提升数据产生价值的效能，实现从手工生产到智能生产范式的加工升级。

第4章，数据的价值感知。数据与人们经历之间的关系可以分为三种紧密度，不同紧密度会影响人们对数据价值的判定；人们对数据价值的认知方式有两种：被动感知和主动体验；数据的意义比功能更能影响价值感知；数据隐私和安全问题也是一个影响因素。

第5章，数据产品化要点。本章总结数据加工过程的共同注意要点和潜在问题。作为数据产品的生产者，有四个方面的加工要点需要关注，包括数据产品的实效性、数据产品的利益点、数据产品价值共创，以及数据与体验的关系。

第6章，数据升级加工。本章以数据的价值层次、价值效能和价值感知作为三个维度构建出数据产品化价值矩阵，提出移向右上角可以实现数据价值最大化；提出数据价值的三个侧重、数据加工品所对应的三个形态特征，以及不同级别之间的递进逻辑。

第7章，数据产品化设计。本章提出数据产品的机会分析可以从社会、技术、经济和意义四个方面去考量；同时提出数据产品化设计流程可以分为三个大步骤，然后通过一个完整数据产品的设计案例来系统阐述数据产品化设计的全过程。

本书的读者对象

数据在自然科学和人文社会科学研究中发挥着越来越重要的作用。在数据经济时代的语境下，阿里芝麻信用、联通智慧足迹，以及新零售等数据驱动的新兴商业生态逐步成熟时，数据价值所服务的产业环境、产品属性、设计流程都和传统产品大相径庭。各位读者从本书提供的案例中也可以体会到数据价值带来的社会变革、设计进步和行业转型等价值。

本书尝试从理念上突破该认知局限，启发读者跳出"数据是辅助工具"或"数据是决策依据"等传统认知，尝试以"数据是设计对象"来全新看待已有的数据。

尤其推荐下面两类读者阅读本书：

1．从事与数据相关的社会实践者，包括具有数据采集和处理能力的各类传感器厂商的工程师，拥有数据处理和应用能力的无人驾驶汽车、虚拟现实、人工智能等新技术领域的工程师和分析员，以及拥有稀有数据而不知如何产生更大商业价值的企业主管。

2．从事与数据相关的学术研究者，包括工业产品设计专业和交互体验设计专业的学者，计算机与软件应用专业的学者，以及大数据技术与应用专业的学者。

李满海

2019 年 9 月

目　录

第 *3* 章
数据加工模式

Chapter
Three

第 *6* 章
数据升级加工

Chapter
Six

第 7 章
数据产品化设计

Chapter
Seven

第 1 章
数据经济时代

　　世界经济论坛（World Economic Forum）宣称，数据作为新的经济资产类别，正在成为一种与能源和材料相提并论的资源，已经关系到制造企业未来的生存和发展[1]。《人民日报》在官方网站上也在宣传和推广：数据将成为继土地、能源之后的又一战略性资源，将成为最重要的生产资料[2]。当数据被看作像石油一样的生产原料时，可以说我们身处于"数据（Data）经济时代"。

1.1 数据发展趋势

数据正在经历从"离线"到"在线",从"静止"到"流动",从"封闭"到"开放"的发展过程。随着人工智能、虚拟现实、物联网等技术的不断进步,该发展演进速度将加快,影响广度也将扩大。

1.1.1 数据在线

阿里巴巴技术委员会主席王坚在他的《在线》书中提到:数据在线,是信息社会和数据社会的本质区别。我们已经从过去企业内部的封闭信息化,走向了互联网上的在线开放。在线,让数据的价值体现变得容易,可以快速影响社会。数据价值变得越来越大,主要原因在于数据在线使得数据流动的时间和空间变大了[3]。

1. 从数字化到数据化

计算机技术的早期应用是将物理实体转换成二进制码的数字世界,该过程称为数字化过程。例如,1986 年王选教授发明的方正汉字激光照排系统解决了中文纸质书的数字化问题,使延续上百年的中国传统出版印刷行业得到了彻底改变。该系统不仅可以将打印内容数字化，而且通过数字化接口可以操控印刷设备。

数字化不等于数据化，数字化是数据化的基础。例如，1971 年就有人提出古登堡计划（Project Gutenberg），倡议将纸质书籍通过计算机技术制成电子书，方便更多人阅读，由于当时限于技术和资金没有做起来。2004 年谷歌（Google）开始大规模对所有版权条例允许的纸质书内容进行数字化，每一页都被扫描存成高分辨率的数字图像。在完成纸质图书的数字化后，谷歌继续使用数字图像识别软件提取出页面的每个字、词、段落，将文字从"数字化"图像转化成"数据化"内容，方便人们按关键词检索和分析。其中很重要的一个应用就是提升了谷歌翻译软件的精准度，因为翻译软件需要对单个字或词进行数据处理，而不是对整个数字图像进行处理。

谷歌通过"数字化"和"数据化"两个步骤将纸质图书的内容变成了可以被灵活加工的数据原料。快速发展的互联网（Internet）和物联网（IoT）技术正在将越来越多的内容变成类似的数据原料。这些数据原料构成了数据经济的基础，恰如从 1859 年美国第一次成功钻井采油开始，那些原油就构成了现代石油工业的基础。

2. 在线成为社会常态

根据中国互联网络信息中心发布的第 43 次《中国互联网络发展状况统计报告》来看，2018 年中国的网民规模数量已发展到 8.29 亿人，普及率达 59.6%，其中手机网民规模约为 8.17 亿人，网民通过手机接入互联网的比例高达 98.6%。随着互联网覆盖范围进一步扩大，居民入网门槛进一步降低，信息交流效率得到提升。特别是今后 5G 技术应用的普及，上网的概念会完全被淡化，联网才是常态，各种终端设备永远保持连接，产生各种各样的数据。

互联网技术是第三次工业革命[4]的基础，如今快速发展的物联网技术加快了数据从"离线"到"在线"的跨越。根据阿里研究院（AliResearch）2017 年发布的《数字经济 2.0》报告，预测未来十年超过一万亿个传感器将接入网络，超过 10% 的衣服、鞋和眼镜等都能接入物联网，首款植入人体式手机也即将上市。

数据在线，不仅可以让数据产生最大化的经济价值，而且可以给企业带来持久的竞争优势。例如，谷歌地球（Google Earth）是一款谷歌公司开发的虚拟地球软件，它把卫星照片、航空照相和地理位置数据集成显示在一个虚拟地球的三维模型上，用户只需下载客户端软件，就可以在线浏览全球各地的高清晰度卫星图片和最新的地图。谷歌在 2005 年向全球推出该产品之后，用户量迅速增大，快速赢得市场，彻底颠覆了传统的离线电子地图的盈利模式。

如今，在线已成为了社会的常态。根据腾讯网公布的 2014 全年财务报告，QQ 月活跃账户数达 8.15 亿，微信月活跃账户数达 5 亿，手机淘宝日活跃用户已超 8000 万，新浪微博日活跃用户为 7600 万。

1.1.2 数据流动

百度前总裁、现任 YC 中国创始人陆奇在 2019 年一次演讲中提到：数据一定要是活的，活的数据才有价值[5]。脸书（Facebook）、谷歌、腾讯、阿里巴巴和京东等互联网企业通过即时消息、社交网络、电子商务等在线服务方式加速了数据流动。

1. 数据交往行为

早期的通信技术主要是实现人与人之间的远程联络，如今的通信技术实现了人与人之间的在线协作，包括远程视频会议、实时文档协作、在线网络游戏等。例如，淘宝（Taobao）和京东将不同商家的商品信息产生关联，为人们提供在线交易服务；优步（Uber）和滴滴出行将用户信息、车辆位置和实时交通等数据在线共享，为人们提供便捷的出行服务；优兔（YouTube）为人们提供实时上传和分享视频的服务。社交网络犹如人类的神经网络，牵一发而动全身。数据像红细胞一样，是基础的媒介和载体，流到哪个行业，就把信息传递到哪里。

人们通过互联网开展的数据交往变得越来越频繁。2012 年脸书平台每天更新照片的数量超过 1000 万张，每天产生 30 亿次的单击"喜欢"（Like）按钮或者评论。推特（Twitter）每天新增 4 亿条微博数，每个月至少有 1.4 亿活跃用户的阅读和微博转发[6]。这些庞大用户量的背后是密集的数据流动。任何人的数据都可能在极短时间内像地震波一样，从一个圈子传播到下一个圈子，扩散到世界各地。

数据交往行为改变了人们的生活方式，倒逼着企业的变革。以金融行业的数字化转型为例，目前中国国内开通手机银行的用户数已超过 15 亿，网上转账、在线购买银行产品已不是新鲜事，物理网点和人工在大幅减少，人们使用现金越来越少，更倾向于使用微信和支付宝来在线支付，未来金融业的大部分业务在线上可以直接完成。数据资源的管理和使用已成为银行的核心经营内容。

2. 越用越有价值

数据在流动过程中，不但使用价值不会减少，反而会增加自身之外的价值。例如，人们在谷歌搜索框输入的所有内容都会被谷歌后台记录，这些内容如果只用于检索，那么产生的价值有限。如果将大量用户的搜索内容关联起来做分析，那么越用会越有价值，不仅可以优化谷歌搜索引擎，而且可以发现搜索词条的变化趋势。

以今日头条的新闻推荐引擎为例，用户的数据被使用得越多，推荐引擎会变得越精准。今日头条总裁张一鸣提到：新闻推荐引擎有几个特点，第一个特点是"个性化"，你用得越多，系统越懂你。用户的每一次输入在某个时间和地点给你一条内容，看或者不看，认真看还是粗略看，参与评论还是分享，每条行为数据被记录和关联处理，数据流动起来使得系统更好地理解用户的行为。第二个特点是"泛化"，越多用户使用，系统就越懂用户。人和人之间总有共同的数据特点，一个人的行为对拥有共同特点的人所产生的效果会影响拥有共同特点的其他人，泛化是数据的流动过程。第三个特点就是"智慧积累"，时间越长，数据流动越充分，系统越懂你。

这里举个反例：柯达公司（Kodak）的破产跟不能适应数据在线流动的时代发展有关。柯达公司早在 1976 年就开发出了数码相机技术，并将数字影像技术用于航天领域；1991 年柯达公司就有了 130 万像素的数码相机。用户在 20 多年前就能够使用柯达数码相机拍摄出数码照片，这些是非常优质的源数据。按道理，这些图片数据应该能够产生很大的价值，可惜的是，柯达公司没有抓住机会，导致这些数据的价值效能很弱，结果被普通手机自带的一般摄像机给打败了。原因很简单：手机自带的摄像头实际上是一个数据可实时在线的数码相机，用户可以随时随地将拍摄的照片通过互联网传播和共享，如吃饭前先用手机对食物拍照后发微信朋友圈，以及人们在出行路上随手拿出手机拍照后即时发布到照片墙（Instagram）照片分享平台，这种数据实时流动场景打击了靠卖数码照相机盈利的设备厂家。

1.1.3　数据开放

随着全球数据正在急剧增加，数据已经对政治、经济、文化，乃至于整个社会带来了认知思维和生活方式的变革[7]。以联合国推出的全球脉动项目（http：//www. unglobalpulse. org）为代表，越来越多的机构在互联网上开放数据，允许公众免费下载。

1. 数据孤岛存在问题

不同组织或者同一个组织的不同部门，由于信息不对称、法律制度不完备、共享渠道不充分等多种原因，导致数据被隔离，形成一座座的数据孤岛。每个数据孤岛看似都拥有完整的数据，其实只是片段。由于相互之间没有连通构成一个整体，导致人们无法从全局去分析问题。例如，消防部门需要分别从电力公司和水务公司拿到用电数据和用水数据，打通数据孤岛，才能判断出整栋楼房的消防隐患。

越来越多的企业认识到数据孤岛存在的问题，也意识到不同组织的数据连通起来往往会产生意想不到的价值，因此许多企业开始尝试打通企业内部和外部的数据连接。例如，阿里巴巴集团很大，客户数据离散分布于市场营销部门、财务部门、销售部门和客户服务部门等多个部门，这些分散和孤立的数据形成的杂乱的数据环境造成各部门协同效率低下。2012 年 7 月，阿里巴巴任命公司级的首席数据官负责跨不同部门和产品线之间的数据共享，先打通整合，再开放共享，为天猫和淘宝电商服务商等提供数据共享云服务，起到了显著的效果。

2. 更多数据开放共享

2012 年，美国政府发布《大数据研究和发展倡议》（Big Data Research and Development Initiative），希望通过开放政府数据集，建立可持续的数据采集和应用方法等措施，使大数据相关产业可以得到更好的发展。同年，美国国家卫生研究院（National Institutes of Health）宣布 200TB（1TB = 2^{40}B）的人类遗传变异数据免费查询和分析[8]；2014 年，美国政府数据网站（http：//www. data. gov）开始实行开源，帮助任何城市、组织或者政府机构创建开放站点，各个国家都可以在此开源代码的基础上开发或根据自身需要进行修改，建立数据开放平台。2016 年中国科学院公开发布全球陆表被动微波发射率数据集[9]；2018 年美国的加州大学伯克利分校（UC Berkeley）公开 10 万个驾驶视频数据集。

2018 年，第十三届全国人民代表大会的政府工作报告中多次提到大数据，旨在打破数据流通的壁垒。报告中强调做大做强新兴产业集群，实施大数据发展行动；注重用互联网、大数据提升监管效能；推动大数据、云计算和物联网的广泛应用[10]。在国家政策的鼓励和支持下，运营商开始将大量的消费者通话和上网的行为数据开放给设备提供商，共同研究如何通过大数据技术让这些数据产生新的价值，虽然还只是部分地区试点，但是已看到了这个趋势变化。

1.2　数据作为资源

中国科学院和中国工程院两院院士路甬祥提到：信息知识大数据已成为了全球知识网络时代最重要的创新资源[11]。IBM 首席执行官罗睿兰（Virginia M. Rometty）提到：数据正在成为一种新的自然资源（Data is Becoming a New Natural Resource）[12]。

1.2.1　变革行业应用

互联网和物联网技术的发展和广泛应用，促使物理层面的硬件连接变得更加紧密；软件技术的进步，让人们有更好的条件去开发和使用丰富的虚拟内容和应用。在硬件和软件的互联互通将世界连接成为一体的过程中，数据成了线上和线下信息的载体和媒介。

1. 促进经济转型

数据随时随地与人们相伴而行，对社会的各个领域乃至人们的生活方式都带来了不同程度的变革。例如，2017 年 9 月中国联通成立大数据公司，开始以产品化思路探索电信运营商的大数据价值，发展其大数据产业和市场服务体系。数据作为创新的资源，创新者可以利用大数据去做传统设计做不了的事情，包括集成全球的技术元素、艺术元素和商业模式，在多学科交叉基础上形成创新产业链[13]。

（1）数据在金融行业的应用　各大银行正在将数据列为顶层战略，认识到创新设计的核心本质是集成创新，其中数据是重要的集成对象。正如中国建设银行首席经济学家黄志凌提到：数据资源的管理和使用已成为银行的核心经营内容，银行的数据质量、规模以及灵活应用数据的能力将决定其核心竞争力，数据资产将成为未来驱动银行业务价值发现和创造的新动力。其表现在几个方面：①目前中国国内开通手机银行的用户数已超过15亿，网上转账、在线购买银行产品已不是新鲜事，物理网点和人工在大幅减少，人们使用现金越来越少，更倾向于使用微信和支付宝来在线支付，清华大学金融科技研究院副院长薛正华预测未来金融业将有九成的业务在线上可以直接完成；②各大银行组建网上营销部门，开始模仿互联网公司利用金融数据提高银行的精准营销和个性化营销；③各大银行充分利用政府在互联网上公开的数据，通过多维度的大数据关联分析将银行账户的关联关系图谱可视化出来，提高风险管理的精细度和风险决策的实时性，包括利用人脸图像数据识别和语言音频数据识别等技术，提高银行的反欺诈等风险控制能力。

（2）数据在新零售行业的应用　例如，在通信容量足够大，网速足够快的时代背景下，阿里巴巴综合应用了云计算和人工智能等先进技术和基础设施，利用数字化技术实现供应物流链和交易服务链的全面融合，通过数据流动串联实体与虚拟的各个消费场景，包括移动终端、计算机、实体卖场及未来可实现的新通路等。更重要的是，在人、商品、服务和供应链等各个环节数字化的基础上，通过数据与商业逻辑的深度结合实现消费方式逆向牵引生产变革。比如为了向用户提供无缝的消费体验，商家和用户之间需要保持信息一致，其信息媒介是数据。

（3）数据在人工智能领域的应用　以阿尔法狗（AlphaGo）为例。2016年3月，阿尔法狗与围棋世界冠军、职业九段棋手李世石进行围棋人机大战，以4:1的总比分获胜；2017年5月，在中国乌镇围棋峰会上，它与排名世界第一的世界围棋冠军柯洁对战，以3:0总比分获胜。围棋界公认阿尔法狗围棋的棋力已经超过人类职业围棋顶尖水平。阿尔法狗能够打败多位世界围棋冠军，背后是依托强大的数据分析处理能力。阿尔法狗采用了搜索算法、机器学习和神经网络等人工智能技术，模拟人的识别模式，对 3000 万盘人类顶级棋手对弈数据进行分析，最后得到有胜算的最佳落子位置。

2. 商业模式创新

阿里巴巴旗下的网商银行贷款是数据驱动的纯信用贷款，主要是通过对用户行为的数据分析做到自动化判断，快速响应不同用户的需求。与传统银行通过人工审核的小额贷款模式不同，网商银行借助阿里巴巴整个电商生态所积累的数据，包括用户使用支付宝的消费数据，可以准确识别出用户的财务实际状况。中国银行业的小微企业的不良贷款率在 5% 左右，而网商银行居然只有 1%。

微软（Microsoft）以 1.1 亿美元价格收购的 Farecast，是一个基于大数据的机票票价的预测系统。该系统基于 2000 亿条飞行数据记录，不仅能够看到历史上某个航班的准点率，而且能够分析某条航线一段时间内可选的便宜机票，帮助用户抓住最佳购买时机[14]。

政府若想知道某个城市不同区域的经济繁荣程度，传统办法是通过政府部门收集每个地区经济指标的各项数据进行统计分析后得出，甚至开展社会普查调研，这个过程需要几周、几个月甚至几年的时间；如今通过交通出行的大数据就可以实时得出。以百度迁徙地图为例，百度公司通过基于地理位置信息的开放接口采集手机用户的移动位置数据，每天多达 30 多亿次的实时定位数据，经过数据隐私的脱敏处理后，在百度迁徙地图平台上以图形化方式映射出手机群体用户位置变化的轨迹，从区域和时间两个维度，将中国春节和国庆节等节日前后人口大迁徙的轨迹与特征，以动态、即时的可视化方式直观呈现出来。百度迁徙地图不仅可以解决交通领域实时监控人流的问题，而且基于往年的历史数据，可以与运输部门联合发布交通需求预测报告，作为铁路和公路车辆调度的参考依据。

3. 提升运营效率

农夫山泉在全国有 10 多个水源地，但是售价 2 元的瓶装饮用水却有 3 毛钱成本花在了运输上。在没有数据实时支撑时，农夫山泉无法控制自己的物流成本，花了很多冤枉钱，如华北往华南调运，运到一半时，发现华东实际有富余，从华东调运更便宜。后来农夫山泉通过用数据来发现和解决问题：首先是解决生产和销售的不平衡，准确获知该生产多少，配送多少；其次，让几百家办事处和几十个配送中心能够纳入体系中，形成一个动态网状结构，而非简单的树状结构；最后，让退货、残次等问题与生产基地能够实时连接起来。在采购、仓储和配送这条线上，有了强大的数据分析能力做支持后，农夫山泉近年以30%以上的年增长率占领了我国三成以上饮用水领域的市场份额。

海澜之家原本是家传统的服装生产公司，经过数字化战略转型后，不仅可以通过高效的数字供应链支撑越发多元和个性化的产品结构，而且在投放新产品之前，商业数据分析人员基于用户数据发现潜在的市场，或者对顾客行为习惯进行分析，以提供更具有针对性的服务，运用大数据分析动态掌握用户多样、变化的服装需求。比如全自动化的配送线路代替传统的生产流水线，则成了海澜之家的中枢神经。全数字化的供应链数据管理，保障了成千上万的裤子、T恤和衬衫由全国各地两百多个供应商有序地运送到海澜之家的物流中心，统一存储和分配；而且，通过对门店销售和交通物流等数据的分析，可以对货物资源实施统筹规划，包括快速去库存或提前备货。成功的数字化战略转型是海澜之家商业成功的保障。

1.2.2 市场规模庞大

2019年8月，联合国数字合作高级别小组联合主席马云，在中国国际智能产业博览会的演讲上提到：过去人类是依水而聚，只要有水的地方，人类都去寻找；未来人类会依照数据而居住，要找到通数据的地方。数据市场的预期规模由此可见一斑。

1. 全球数据量在剧增

据统计，2007年人类已存储了 2.9×10^{20} B 的数据量，每秒要处理 6.4×10^{18} 条数据指令[15]。随着科技的不断进步，诸如卫星上的远程传感器、天文望远镜、生物显微镜以及大规模科学计算模拟等研究设备和实验装置，都会实时产生出海量数据。

例如，欧洲核子研究组织的大型强子对撞机在 2011—2016 年间已经产生了超过 300TB 的实验数据。谷歌每天要处理 24PB（$1PB = 2^{50}B$）的数据量，该数据量级是美国国家图书馆所有纸质出版物所含数据量的上千倍[16]。

随着互联网技术的发展，网络、软件和移动终端等都成了数据的来源，数据的记录和利用变得更容易、更自然，成本更低，如可以获取整个城市的交通出行数据。监控摄像头等终端设备不仅无时无刻不在产生数据，而且占用存储空间的视频数据会越来越多，数据规模因而进一步加剧变大。预计到 2020 年，中国的数据总量将达到 8.4ZB（$1ZB = 2^{70}B$），占全球数据总量的 1/4 左右。国际数据公司（IDC）最新报告提到 2016 年全球数据量已达到 16.1ZB，预测 2025 年将翻 10 倍达到 163ZB。这些数据中有近 1/5 对人们的日常生活起至关重要的作用，可以帮助人们改善生活，而且其中有接近 10% 的数据是人们生活的必需品[17]。

以企业的业务数据量增长过程为例，在工业化时期，企业的大部分业务数据是通过人工记下的交易记录，主要以纸质形式存在，虽然占用了很大存放空间，但是按现在数字化的单位来算，数据量差不多在 MB（$1MB = 2^{20}B$）量级。随着电子技术和信息技术的应用，企业开始使用计算机和各种应用软件将交易过程数字化，业务数据自动存入数据库系统，这个时期，数据量达到了 GB（$1GB = 2^{30}B$）量级。随着互联网信息技术的发展，如电子商务可以远程关联到其他用户的信息，此时数据量急剧增加到 TB 量级。伴随着智能终端、物联网和社交网络的发展，数据在规模和复杂性上都呈现指数式攀升，如企业生产过程的监控视频数据，数据量出现井喷，达到 PB 量级，所产生的数据共同构成了大数据[18]。

2. 国家出台支持政策

2015 年 10 月，党的十八届五中全会提出"实施国家大数据战略"，将大数据上升为国家战略；2016 年 3 月，国家"十三五"规划纲要出台，明确提出"实施国家大数据战略"。

2016 年 9 月，在 G20 杭州峰会上，所有参会国都签署了《二十国集团数字经济发展与合作倡议》，一致认同数字经济将是社会发展新增长点的引擎。2017 年 1 月，正式发布《大数据产业发展规划（2016—2020 年）》。

2018 年 8 月，以加快数字产业化和产业数字化为目标的首届中国国际智能产业博览会上，国家主席习近平在贺信中指出：以互联网、大数据、人工智能为代表的新一代信息技术日新月异，中国高度重视创新驱动发展，积极促进数字经济和实体经济融合发展。

2019 年 6 月 10 日，二十国集团（G20）财长和央行行长会议在日本福冈举行。大家达成共识：将对科技巨头征收数字税（Digital Tax）。这不仅说明所有发达国家对数据产品化的趋势高度认同，而且正在为这个趋势可能给全球社会经济发展的影响准备相关的应对举措。

为了解决数据人才紧缺的问题，培养更多有跨界意识和跨界实践的人才，数据科学人才培养与学科建设已经被提上了日程。教高函〔2019〕7 号文件《教育部关于公布 2018 年度普通高等学校本科专业备案和审批结果的通知》中显示，共有 196 所高校新增"数据科学与大数据技术"专业，已经连续几年保持领先优势。

这些高校希望通过掌握计算机理论和数据处理技术，系统地培养学生掌握数据应用中各种典型问题的解决办法，提升学生解决实际问题的能力，具有将领域知识与计算机技术和数据技术融合、创新的能力，能够从事数据研究和开发应用的高层次人才。

3. 数据产业蓬勃发展

随着物联网和互联网连接能力的快速增强，最近几十年的企业数字化转型，以及互联网企业的创新探索和前瞻应用，人们对数据的依赖度越来越大，日常生活（如吃饭、出行和购物等个人行为）都无时无刻不在发生数据采集、处理和应用。以前数据是作为社会和经济的附属物，现在数据是社会和经济的核心。以前数据是被软件所包含，现在软件可以说已经被数据包围了。20 多年前美国麻省理工学院媒体实验室学者尼古拉斯（Nicholas Negroponte）在《数字化生存》（Being Digital）一书中所描绘的数字化工作和生活场景，如即时消息传递、远程视频会议等[19]，这些已经基本变成了现实。

36 氪研究院曾在 2016 年就发布过预测，2018 年全球大数据市场规模将达到 2700 亿元，同比增长 21.8%；中国的大数据市场规模将超过 500 亿元，同比增长将达到 42%，是全球复合增长率的 2 倍多。从国内外大数据市场规模的逐年扩展可以看出，大数据源自于社会需要，最后落脚于产业实践，是一个接地气的概念。

中国社会科学院的数量经济与技术经济研究所于 2019 年 5 月 29 日在京交会上发布的《中国电子商务报告（2018）》显示，2018 年中国实现电子商务交易额31.63 万亿元，同比增长 8.5%；跨境电子商务进出口商品总额达到 1347 亿元，同比增长 50%。基于 O2O 平台模式的餐饮配送及外卖送餐服务增长 18.8%。2017 年在线票务市场已经占整体票务市场份额的 81%。

数据不仅已经广泛应用于生物信息、地理信息和气象信息等行业领域，而且已经促进了数据产业的蓬勃发展。根据赛迪顾问 2016 年发布的《中国大数据产业生态地图》，大数据产业可以分为三大类：第一类是以工业、农业和金融各行业大数据为代表的融合应用产业，如昆仑数据公司提供的工业大数据服务；第二类是以大数据存储管理、处理软件和解决方案为代表的基础支撑产业，如 IBM 提供的大数据解决方案；第三类是以数据交易为代表的数据服务产业，如海康威视（Hikvision）提供的视频监控产品和服务。

1.3 数据范畴界定

目前各行各业都在说数据是资源，可以作为生产资料，数据价值非常大。但是可以作为资源的数据到底是什么？通过文献检索可以知道，不同学科对数据的理解不一样，而且不同历史时期人们对数据的理解也不一样。因此，在讨论数据如何产生价值之前，有必要先对数据的范畴做澄清和界定。

1.3.1 数据历史由来概述

数据不是信息化时代才有的产物，农业社会和工业社会也在不断产生数据，数据可能被刻在竹片或墙壁上，也可能以纸质形式存在。由于记录和表达的需要，世界不同文明发源地都先后产生了类似文字的各自不一样的计数符号，从南美洲的玛雅数字到尼罗河流域的象形数字，从两河流域的巴比伦数字到黄河流域的甲骨文数字，从西亚的阿拉伯数字到东亚的汉字数字再到地中海的罗马数字，数据作为符号的历史已经有五千多年了。从古到今，数据的产生就一直存在于人类的日常生活当中，也被广泛应用在军事、天文和地理等各领域。

我们常说的"数据"，其英语单词是 Data，源自拉丁文，含义是已知或已确认的事实，首次使用是在 1640 年左右。1897 年开始被用于表达为了供未来参考而收集的可量化事实的含义。近代科学建立时期，数据被应用于科学研究，采集数据成为归纳、演绎和验证科学理论的依据，成为自然科学领域定量研究的基础。比如物体的重量和体积以及降落时间等数据可以被精确记录和分析，经过公式推演出来的自由落体运动规律可以被实验复现，这些可以被验证的数据是伽利略发现自然规律的基础，由此奠定了伽利略在科学界的历史地位。在 1946 年计算机问世后，"数据"开始具有可记录和存储的计算机信息的含义，之后数据在计算机应用领域有大量的应用。假如我们说数据的重要性崛起到能够开辟一个新时代，那不得不提到"大数据"（Big Data）。大数据概念的提出和推动都源自计算机科学领域，特别是经过甲骨文（Oracle）、微软（Microsoft）和思科（Cisco）等企业的商业运作和推广，大数据不仅成了互联网技术和应用领域的流行热词，而且实际上也从各个方面融入到了普通大众的工作、学习和生活当中。

1.3.2 本书给数据下定义

那么，这里说的"数据"是什么？

本书给"数据"下了定义。作为资源的"数据"，是指可以采用某种计量方式记录，能够描述事物特征的各种符号（Symbols）。具体来讲，这里说的数据具备三个基本要素：①能够描述事物的特征，如身高和体重等静态属性，以及速度和轨迹等动态属性；②能够采用计量的方式，如质量 2.5kg，长度 6m 等；③能够被某种方式记录，如用笔和纸写下，用照相机拍摄，用录音机录制等。

由于数据的记录依赖技术手段，不同时代的技术手段不一样，所以数据在不同时期所指的范围不一样。例如，古时候人们因为没有能力记录下声音，所以那时就没人将声音当作数据。如今，声音已是一种重要的数据类型，现代音频设备不但可以采集和记录声音，而且可以转化为音频数字信号，之后人们可以在此基础上开发出语音输入法等有趣的应用。又例如，萤火虫飞行的轨迹只有被摄影机拍摄记录下来的时候，这些轨迹图案或线条才成为了数据。

作为资源的"数据"，不仅包含当今大数据范畴中非结构化数据，包括图片、声音和视频等，以及计算推导得到的数据，而且包括古时候的数字抽象符号和记录。由于数据存在时间的历史跨度非常大，数据形式也多种多样。从数据来源上可以分为社交媒体、传感器数据和系统数据，从数据格式上可以分为文本、图片、音频和视频等。

作为资源的"数据"，粒度可大可小。例如，身份证的扫描件图片可以是数据，该身份证上的号码和头像图片也可以是数据。

参 考 文 献

［1］ World Economic Forum. Big Data, Big Impact：New Possibilities For International Development ［R］. Weforum, 2012.

［2］ 赵展慧，郭琳. 数字经济，几十亿人的大蛋糕［EB/OL］. ［2016］. http：// finance. people. com. cn/n1/2016/0926/c1004 –28739118. html.

［3］ 王坚. 在线 ［M］. 北京：中信出版集团, 2016.

［4］ RIFKIN J. The Third Industrial Revolution：How Lateral Power Is Transforming Energy, the Economy, and the World ［M］. New York：St. Martin's Press, 2011.

［5］ 陆奇. 技术驱动创新带来的创业机遇 ［EB/OL］. ［2019 – 06 – 13］. http：// www. sohu. com/a/320362015_100019775.

［6］ GERON T. Twitter's Dick Costolo：Twitter Mobile Ad Revenue Beats Desktop On Some Days. Forbes, 10 – 13. ［J/OL］. ［2012］. http：//www. forbes. com.

［7］ MAYER – SCHONBERGER V, CUKIER K. Big Data：A Revolution That Will Transform How We Live, Work and Think ［M］. New York：John Murray Publishers Ltd, 2013.

［8］ WALTZ E. World's Largest Dataset on Human Genetic Variation Goes Public ［EB/OL］. IEEE SPECTRUM ［2012 –03 –29］. https：//spectrum. ieee. org/tech-talk/biomedical/diagnostics/worlds-largest-dataset-on-human-genetic-variation-goes-public.

［9］ 邱玉宝. 基于 AMSR-E 的全球陆表被动微波发射率数据集 ［J］. 遥感技术与应用, 2016, 31（4）：809 –819.

［10］ 李克强. 2018 政府工作报告 ［EB/OL］. ［2018 – 03 – 05］. http：//www. gov. cn/ zhuanti/2018lh/2018zfgzbg/zfgzbg. htm.

［11］ 路甬祥. 创新设计与中国创造 ［J］. 全球化, 2015（4）：5 –24.

［12］ VIRGINIA M, Rometty. IBM Annual Report ［R］. IBM, 2013.

［13］ 潘云鹤. 创新设计的创新路径 ［R］. 海上丝绸之路创新设计温州峰会暨首届中国温州（瓯海）智能制造产业高峰论坛. 温州, 2018.

［14］ MCCUNE, J C. Data, Data, Everywhere ［J］. Management Review, 1998, 87（10）：10 – 12.

［15］ HILBERT M, LOPEZ P. The World's Technological Capacity to store, Communicate, and Compute Information ［J］. Science, 2011, 332（6025）：60 –65.

［16］ DAVEPORT T H, BARTH P, BEAN R. How Big Data Is Different ［J］. MIT Sloan Management Review，2012，54（1）：43 – 46.

［17］ REINSEL D，GANTZ J，RYDNING J. Data Age 2025：The Evolution of Data to Life-
Critical［R］. IDC White Paper，（April），2017：1 – 25.

［18］ BLOEM J，DOOM M Van，SANDER D. Creating Clarity With Big Data［R/OL］.
（2015 – 12 – 20）. http：//www. cmotionsacademy. nl/upload/Onderzoeken/crea-
ting-clarity-with-big-data – 2012 – sogeti-. pdf.

［19］ NICHOLAS N. Being Digital［M］. New York：Alfred A. Knopf，Inc，1996.

第 2 章
数据作为产品

由于现代社会的数据价值几乎都是通过计算机和互联网等数字化技术进行加工的，所以该经济形态通常称为数字（Digital）经济。数字化系统是数据的加工场所，数据才是根本，数据加工为数据产品应当是数字经济的追求目标。在基于信息、网络和物理环境的设计3.0语境[1]下，产品的范畴已经从物质化到非物质化、从实体到虚拟不断扩展[2]。随着数据量的爆发式增长，越来越多的数据被加工成为各类有价值的产品，这是时代发展的趋势，也是社会的广泛需求。

2.1 数据产品的定义

数据产品不是信息化时代才有的产物。从狩猎农业时代开始，就有数据加工品，如古人结绳记事的那根绳子，既是数据的承载体，也是数据的加工品。由于受限于当时记录工具比较贫乏，社会产生的数据量小，而且数据加工品的交易也少，所以就没有数据产品的概念。随着工业化和电子化的技术变革，记录数据的工具能力不断增强，人类社会产生的数据量不断增加，数据被加工为产品的情况经常发生，也出现了数据加工品的交易，过程中才逐步出现了数据产品概念。从工业化到信息化的社会演进发展过程中，每个生产阶段都会产生数据，当社会到了高度信息化的阶段，数据量呈现爆炸式增长，影响社会生活的方方面面，数据产品的概念才变得越来越热门。

目前数据产品的概念比较混乱，市面上与数据相关的产品或服务普遍被笼统地归为数据产品，如有的公司将存储数据服务器的研发生产线叫作数据产品线。这种混沌的局面不利于探究数据价值最大化，需要对数据产品做一次清晰的界定。

2.1.1 什么是数据产品

本书所阐述的"数据产品"是指以"数据"作为原料，对未经加工的数据进行加工，或者对已加工的数据进行再加工而形成的数据加工品。需要强调的是，被加工的原料必须是数据，这是基本条件。

如图 2-1 所示，伴随着互联网技术的发展，21 世纪前后的社会出现了许多新名词。采用数字化技术的相关产品人们称为数字产品或数码产品（Digital Product），如数码光碟和计算机软件等；通过互联网生产和传输的相关产品人们称为网络产品或互联网产品（Internet Product），如电子邮箱和搜索平台等；通过比特流形式存储与流通的信息产品人们称为比特产品（Bit Product）[3]。由于电子化和信息化历史进程没有明显的界线，这些不同概念的产品也会笼统称为电子信息产品[4]。数据产品与工业产品、比特产品、数码产品、互联网产品等存在着关联和交叉，但是毕竟是不同的概念，存在边界差异。

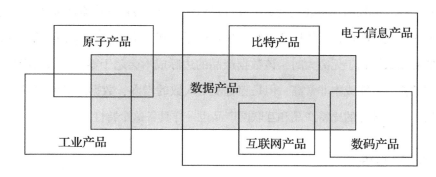

图 2-1　数据产品与其相关产品

例如，许多人会纠结百度地图是软件应用还是数据产品。如果明确了"位置数据"是加工原料，那么就比较容易做分辨。百度地图整个 APP 应用是位置数据的加工场所，会加工出许多数据产品，如自动定位标识、大众标注位置和路线可视等。百度地图 APP 应用里面有许多算法逻辑等，这些并不是数据产品，但与数据产品紧密相关。

2.1.2　数据产品的特性

数据产品的特征和上述各类概念的产品有许多类似之处，虽然数据产品的原料是数据，但是兼具这些不同概念产品的一些特性。概括起来，数据产品具有以下五个基本特性：

1. 非物质形态

数据是非物质，数据加工品也是非物质形态，可以说是像信息一样，构成世界的第三种成分[5]，但是数据加工品的存在和流通很多时候需要附加在物质载体上[6]，这些载体具备外观、尺寸和材质等物质特征。例如，音频是非物质形态的数据，音乐是非物质形态的音频数据加工品，光盘是物质形态的载体。所以，假如有人要问音乐光盘是不是数据产品？那么准确点，应该这么回复：音乐是数据产品，而光盘是数据产品的载体。

2. 规模经济性

数据产品的非物质形态使之天然具有可复制性，而且复制的成本非常低，甚至为零。随着用户人数规模的扩大，数据产品每一单位的平均成本会出现持续下降的现象，当数据产品的复制数量趋于无穷大时，该数据产品的边际成本会趋于零[7]。数据产品生产过程中，初始投入可能成本非常高，但是随着使用人数的增多，数据产品的规模经济性就会呈现出来。大部分的比特产品和互联网产品也一样具备这个特性。

3. 内容体验性

用户只有在使用数据产品的过程中，才能获得数据产品带来的价值。如果用户没有去体验数据产品的内容，那么就很难识别或理解其所传递的内容。例如，要坐到人体工学椅上面才能体会到工程数据所带来的舒适感，要亲自戴上虚拟现实眼镜才能感受到虚拟空间中的乐趣。这也就是新的数据产品会提供一段吸引用户参与体验的免费试用期，让用户先了解其价值，再谈生意[8]。

4. 使用无损耗

数据产品在使用过程中，其内容本身不会发生使用损耗，如一幅数据视觉化作品要表达的内容不会因为看得人数多了而发生损耗，其作品本身的使用价值也不会因此被降低。但是，假如数据产品的载体是物质形态，如是纸张，那么随着使用次数的增加，该产品载体可能会发生消耗和磨损[9]。

5. 呈现多样性

同一份数据在产品化的过程中，因为用户群体、使用场景、加工方式的差异，数据产品的呈现是多样化的，可能是大屏幕的数据看板，也可能是纸质报告。数据产品的形态与数据产品的载体紧密相关，可以是无形的服务或软件，也可以是软硬件结合体。以通信号码的数据加工为例，在工业化时期，如邮局、港口、消防等社会服务设施的通信号码被印制在纸质的书本或册子上进行售卖，此时数据产品的呈现是纸质书本或册子；在电子化时期，家用电话普及后，电信运营商将每家每户的通信号码记录到数据库中，可以向大众提供查询服务，也可以将数据库刻录到光盘中进行售卖，此时数据产品的呈现是电话查询服务或光盘；在信息化时期，人们通过淘宝和微信等网络应用服务就可以查询到相关机构的通信号码，此时数据产品的呈现是各式各样的网络应用服务。

2.1.3　数据产品的载体

数据是非物质，数据产品本身也是非物质。数据产品需要载体来呈现，如迈克尔·杰克逊的 MTV（Music Television）是声音、文字、图像和视频等多种类型数据的综合加工产物。该数据产品是非物质，需要空白光盘作为载体，如图 2 - 2 所示。

杰克逊MTV光盘　　　　空白光盘　　　　杰克逊MTV视频
（数据产品的呈现）　（数据产品的载体）　（数据产品）

图 2 - 2　数据加工品的物质载体

不能笼统地说杰克逊的 MTV 光盘是数据产品。准确讲，杰克逊的 MTV 视频本身才是数据产品，光盘只是载体，杰克逊的 MTV 光盘是数据产品的呈现形式。因为杰克逊的 MTV 视频可以有其他的载体，如放在苹果公司的 iTunes 平台或者腾讯 QQ 音乐平台上，用户可以通过手机应用程序在线点播这些 MTV 视频。

2.1.4　价值产生的原理

主体和客体相互作用所形成的设计活动是价值产生的基础。任何产品的价值只有在被消费或被使用的过程中才能体现出来，被用户认同才能得到发挥[10]。数据价值是在自然、文化和社会环境的约束下，数据产品生产者和使用者相互作用所产生的，如图2-3所示。

数据产品生产者的意图和数据产品使用者的期望之间是相互作用、相互影响的，既矛盾也统一，两者所产生的正负效应决定了数据产品的价值大小。孤立的数据产品生产者和使用者无法产生价值。

图2-3　数据产品和价值的关系

理查德·布坎南（Richard Buchanan）对产品范畴的定义比较适合数据产品，他认为产品包括人造的有形或无形的物品、行为和设施，以及共同构成的复杂系统或环境[11]。数据价值的最大化要在"自然、文化和社会环境""生产者对数据产品的意图""使用者对数据产品的期望"三者之间达成平衡。

2.1.5　数据产品的级别

数据产品是数据价值表达的载体。要实现数据价值的最大化，需要对数据产品进行分级，方便评估数据价值被挖掘的程度。目前研究学者对数据产品的分类有各自观点，没有统一的标准。

有的学者按数据产品的形态特征来分类[12]。例如，将描述当前行业状况和特点的相关数据应用归为一类，称为描述型（Descriptive）数据产品，如阿里指数、尼尔森（Nielsen）咨询报告等；将通过算法可以预测未来趋势的相关数据应用归为一类，称为预测型（Predictive）数据产品，如谷歌流感趋势分析、阿尔法狗（AlphaGo）等。

有的学者按数据产品的应用场景来分类[13]。例如，将通过直接满足用户需求而将数据价值变现数据服务归为一类，如谷歌搜索向用户提供高性能的数据查询、检索和预测服务；将通过复杂的运算发现内在规律的数据分析归为一类，如去哪儿（Qunar. com）网站可以帮助人们找到最便宜的机票。

有的学者按数据产品的原始特征来分类[14]。他们认为数据产品可以简单分为两类：一类是数据本身就是产品，可以直接买卖；另一类是数据经过某种方式加工后形成的某种应用，可以是产品，也可以是服务，相当于卖数据加工品。

这些分类法是通过横向比较，将多样化的数据产品进行区分或区别，无法解决同一份数据的价值如何递进升级的问题。本书从数据的加工层次、价值侧重和产品形态三个方面将数据产品分为三个等级：零级数据产品、一级数据产品和二级数据产品。在加工层次方面，从低到高依次是"点层次—线层次—面层次"的递进关系；在价值侧重方面，从低到高依次是"还原表达问题—发现解决问题—重新定义问题"的递进关系；在产品形态方面，从低到高依次是"初原自然—具象实效—通用普适"的递进关系，如图 2-4 所示。

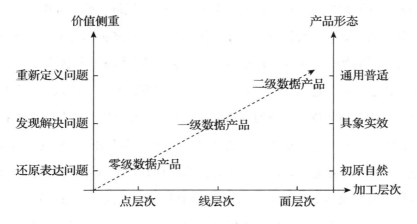

图 2-4 数据产品的分级维度

2.2　零级数据产品

识别某数据加工品是否是零级数据产品，可以从三个方面判断：①数据加工是点层次；②数据价值侧重在还原和表达问题；③数据加工品处于初原自然状态。这些也是零级数据产品的三个基本特征。

2.2.1　数据本身就是产品

有人说，数据本身就可以买卖，如房地产开发商将业主的手机号码卖给装修公司，那么这些手机号码是不是数据产品？没错，是数据产品，数据本身就可以是产品，是零级数据产品。

1. 直接营销售卖的商品目录

工业革命之后，不断增长的中产阶级创造了对商品和服务的新需求，商品制造商以传统邮寄方式进行营销服务在当时比较普遍，这种市场推广方式称为直接营销（Direct Marketing）。当时的操作办法是：商家在全国各地分发商品目录，允许人们选择他们想要的商品，并通过邮寄订购的形式将商品以包裹的方式邮递发给用户。

伴随着互联网的发展，直接营销的渠道从以往的报纸、海报和电台等方式扩展到了电视和网络等媒介；直接营销的方式从无差别拉网式的信息推送，演进到通过分析潜在客户群的特征，有针对性地选择其中某一类目标客户作为营销对象。但是，直接营销的内容没变，还是商品目录，还是这类数据产品，只是数据产品的载体发生了变化，以前是被印制在纸质的书本或册子上，现在是作为网页显示在手机端。

这里的商品目录就是数据产品。商品目录是将商品的图片、材料、价格和效果等数据进行加工，以前是整理成册子印刷出来，现在是显示在手机界面。因为这个过程是点层次的数据加工，保持商品目录的初原自然状态，卖的是做了排版加工后的数据本身，并没有改变数据的客观属性，商品目录的印刷册子和操作界面侧重的是还原和表达商品的特征，所以该商品目录是零级数据产品。

2. 人体动作域尺寸参考手册

为了提升产品和服务的体验，在产品造型设计或者交互行为设计的时候，需要考虑人和环境之间的活动空间尺寸，如轮椅设计需要考虑轮椅在使用过程中上下、前后和右的空间预留。有的公司将人体躯体四肢的长短尺寸和行为动作幅度等数据进行关联处理，精心制作成人体动作域尺度参考手册（Human Scale Manual），如图 2-5 所示。

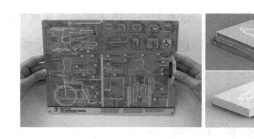

图 2-5　人体动作域尺度参考手册
图片来源：https://humanscalemanual.com

人体躯体四肢的长短尺寸以及行为动作幅度所需的空间大小这些都是数据。这些数据经过关联加工后，用户只需要拨动卡片上的参数就可以得到与之相关的最佳比例数据，该加工过程没有改变数据的客观属性，保持了人体动作域尺度数据的初原自然状态，侧重点是直观表达出人体和环境之间的数据关联性，这系列的数据关联处理是点层次的加工，数据加工品的载体是纸质的参考手册。所以该人体动作域尺度参考手册是零级数据产品。

3. 权威专业的地图基础数据

例如，百度公司没有测绘资质，所需的地理信息系统（GIS）的基础数据是向四维图新（https://www.navinfo.com）采购的，这些地理信息数据本身就是当作产品或商品来买卖。

四维图新公司提供的地图基础数据包括：亚米级精度的道路坡度、曲率、航向等信息和详细的道路及车道数据，限行、施工路段、时间和详细规定等数据，针对小区、大学、景区、交通枢纽、医院及商圈几大分类制作的精细化地图数据，停车场内路网、服务设施、出入口、楼层出口、电梯间等数据。这些基础数据可以卖给服务厂家做成不同应用，如可实现或增强辅助驾驶的一些功能，包括自适应巡航控制、车前灯调节、弯道预警、车道变更辅助、车道偏离预警、动力控制、超车辅助、燃油效率改进和速度建议等。

　　四维图新公司通过在线技术提高地图生产能力与效率，覆盖从发现变化、采集变化、处理变化到发布变化的整个地图生产流程，支撑月度版和日版本地图产品的快速发布，让高品质、高鲜度地图产品成为可能。这系列的数据采集是点层次的加工，价值侧重点是精准呈现这个不断变化的世界，所以这些地图基础数据是零级数据产品。

2.2.2　数据的可视化处理

　　数据可视化[15]也称为数据的视觉化（Visualization）[16]，目的是将不可见的数据转化为可以被人观察和直观分析。数据可视化处理是通过点层次的数据加工让数据的表现形式发生变化，使之可以更清晰地还原和表达问题，本质上并没有改变数据本身的初原或自然状态。

1. 空气质量数据可视化图表

全国主要城市的空气质量数据可视化图表如图 2-6 所示。

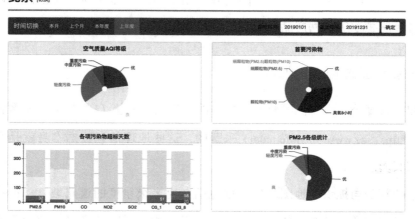

图 2-6　空气质量数据可视化图表

图片来源：http://pm.kksk.org

对用户来说，该数据图表的价值侧重点是还原和表达清楚空气质量的真实情况。用户不仅可以直观看到不同城市的空气质量差异，而且可以在界面上挑选出轻度污染的一些数据进行详细查看，每次交互操作都看到不一样的数据呈现，得到不同的分析结果[17]。

对加工者来说，背后的数据加工过程需要进行信息设计[18]，根据不同的数据类型建构合理的逻辑结构，选取适合的文字、图形、色彩、符号以及各种可视化要素进行重组，目的是让内容更容易被理解和传递[19]。如果将人工智能自动分析技术和人机互动的可视分析方法紧密结合起来，那么就可以有针对性地提升数据图表的处理能力[20]。

但是，即便应用了更先进的数据处理技术，由于数据加工过程没有改变天气数据的初原自然状态，数据加工只是产生了点层次的价值，所以，空气质量数据可视化图表是零级数据产品。

2. 天文数据合成出黑洞照片

2019 年 4 月 10 日发布的全球首张黑洞照片如图 2 - 7 所示。

众所周知，黑洞是时空曲率大到光都无法逃脱的天体，所以黑洞无法直接观测，只能借由间接方式得知它的存在与质量。图 2 - 7 所示的黑洞照片并不是采用单反照相机光学原理拍摄出来的，而是天文观测数据的加工品。大众用户稀奇的是这张照片将原本肉眼无法看到、设备无法检测到的黑洞给还原和呈现出来了。

根据官方公布的消息，这张黑洞照片是全球多国科研人员合作的"事件视界望远镜"（Event Horizon Telescope）项目的重要成果。麻省理工学院的博士研究团队联合全球八台天文射电望远镜，采用专业的甚长基线干涉测量（VLBI）方法，连续采集几天的数据，每个晚上会采集到 2PB 的数据（1PB 歌曲可以连续播放 2000 年），然后借助机器学习等技术，清洗掉干扰数据，历时 2 年才合成出这张黑洞照片。在黑洞照片问世的过程中，不同地点的天文望远镜需要对各自采集的数据进行时间和相位的重新矫正，以实现多个数据的同步采集，而且数据的后期处理更加耗费精力。上述可以看出黑洞背后的数据加工技术难度大，劳动强度和时间成本都非常高。

天文数据采集　　　　　　　　　　　　　数据合成处理

图2-7　天文数据合成出黑洞照片
图片来源：https：//eventhorizontelescope.org

但是，即便应用了非常先进和专业的数据处理技术，由于数据加工过程没有改变天文观测数据的初原自然状态，数据可视化处理只是产生了点层次的价值，所以，该黑洞照片是零级数据产品。

3.偏好数据绘制出球迷画像

用户画像是根据用户社会属性、生活习惯和消费行为等数据而抽象出的一个标签化的用户模型。用户作为一个自然人，需要从多个维度去描绘，如年纪、身高和体重等生理特征，婚姻、子女和亲友等社会特征，以及爱好和收入等消费特征。这些特征可以直观绘制出用户画像。通过各种传感器和网站埋点所采集到的用户行为数据，可更准确、可靠地反映用户个体的真实意图，不但信息内容丰富多样，而且可以有效地避免研究者的认知偏见和理解歧义[21]。

2014年在巴西举办足球世界杯期间，腾讯与IBM大数据部门合作，采集社交媒体上不同球星的球迷数据，包括观点文字和图片等，通过将社交大数据分析与人物性格分析模型的结合，勾画出了不同球迷群体的性格与行为特点，推出了不同球星的球迷画像，如梅西球迷的性格关键词是敏感、玻璃心和有条理等，属于宅男宅女型。这种用户画像所涉及的球迷标准被广大网友们热衷并接纳，如图2-8所示。

图 2-8　偏好数据绘制出球迷画像

图片来源：http://home.hylanda.com

　　用于绘制球迷画像的这些数据虽然经过了归类整理、关联分析和图形美化等工作，但是这些数据加工仍是点层次，没有改变数据初原自然的状态。而且对用户来说，球迷画像的价值侧重点是还原和表达清楚球迷的特征，所以球迷画像是零级数据产品。

4. 文学数据融合的互动地图

　　中南民族大学王兆鹏老师组织一百多位学者，历时五年共同制作出在线互动式数据地图。他们把历史上诗词和文学资料的创作时间和空间衔接起来，让文学、历史与地理在该地图中关联呈现。不同的学者先分工查阅和检索不同时期诗人的年谱、编年诗文集、文人生平考订论文等上千万字的资料，然后将这些分散在文字资料中特定地点相关的古代诗人或者诗歌的数据归类整理，如历史上有哪些诗人和文学家曾经居于某地，以及在某段时期内曾创作了哪些作品，在电子地图上将地理位置、诗词文字、实景图片以及诗词朗诵声音与视频等多种不同数据类型融合呈现，如图 2-9 所示。

　　对用户来说，假如有人对某位诗人感兴趣，可以在该地图上直观地查询该诗人分别于什么时候在哪些地方写下了千古名句。因为这个过程是点层次的数据加工，保持了各类文学数据的初原自然状态，侧重点是清晰直观地还原和呈现，所以该互动地图也是零级数据产品。

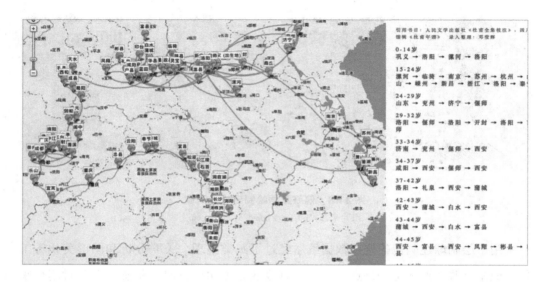

图 2 - 9　文学数据整理出互动地图

图片来源：https：//sou-yun.com/poetlifemap.html

5. 出行数据定义的城市动能

滴滴出行将超过九成的出行起点或终点的分布数据定义为城市半径，那么根据交通出行的流动性数据，以市中心为原点可以绘制出各个城市的动能图。以东莞市为例，通过数据可以看出人们出行活跃度比较高的区域不止市中心，呈现遍地开花，多个活跃区如巨网一般将整座城市覆盖。该城市动能地图所呈现的经济热点和东莞市政府公布的区域国内生产总值数据所呈现的一样，这说明滴滴出行的数据真实体现出东莞市多中心、多走廊式的工业发展和产业集聚特点。

对用户来说，城市动能地图的价值侧重点是直观地还原和呈现某个城市的区域繁华程度，如成都的城市区域繁华结构是环形放射式，重庆的城市区域繁华结构是狭长式，如图 2 - 10 所示。

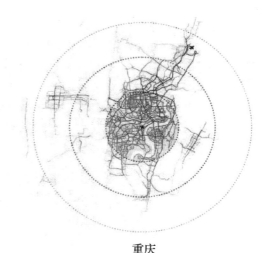

成都   重庆

图 2 - 10　出行数据定义的城市动能

图片来源：https：//sts. didichuxing. com/views/report. html

滴滴出行通过采集和分析人们交通出行轨迹和起终点数据来绘制城市动能地图，该过程是点层次的数据加工，数据的可视化加工保持了出行数据的初原自然状态，所以，城市动能地图也是零级数据产品。

2.2.3　数据的艺术化加工

虚拟与现实的互动为艺术和科学的结合提供了更多可能。随着信息科学技术的发展，创意艺术的数据应用也越来越多。不仅艺术传播的受众群体发生了变化——从小众和自我走向了公众和社会，而且艺术创作的方式和研究模式也产生了新变化。数据的艺术化加工是通过数据的艺术化呈现来还原和表达创意。

1. 地理数据勾画世间山水图

一位名叫石伟力的设计师，从公开渠道下载了纽约曼哈顿区域每个建筑的高度和面积数据，然后通过计算机代码和算法的处理，将一个个建筑勾画成一座座山体轮廓[22]，组合生成了一幅千里江山图效果的城市山水画卷，如图 2 - 11 所示。

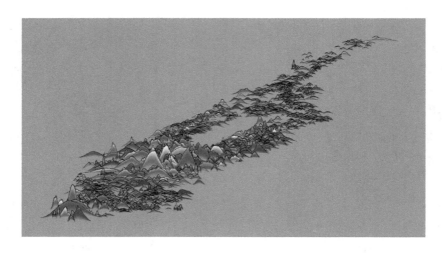

图 2 - 11　地理数据生成世间山水画

图片来源：http://shi-weili.com

通过某种计算机处理方式将地理数据作为多媒体艺术创作的素材，最后以艺术化的方式呈现。这种集计算机技术、数据处理和艺术创作为一体的跨学科结合，是将数据和科技应用到人文艺术领域的典型案例，作品本身可以引发建筑空间和自然山水辩证关系的新思考。在艺术和科学相互作用的过程中，数据不仅成为两者发生关系的媒介，而且成为新型的艺术创作资源。虽然该作品的创作过程不仅需要具备计算机编程技能，而且需要艺术想象力，但是因为这个过程是点层次的数据加工，侧重点是艺术化地还原和呈现地理数据，没有改变数据本身的初原自然状态，所以该世间山水画作品是零级数据产品。

2. 气流数据加工为风图作品

地表上空的空气流动会形成风，风是看不见的，但气流的流速和方向可以通过仪器记录，一旦记录，那就是气流数据。费尔南达·维埃加斯（Fernanda Bertini Viégas）与马丁·瓦滕伯格（Martin Wattenberg）将气流数据通过具有次序和结构的白线来视觉化地艺术呈现，使观众可以直观地看到并理解原本看不到的大气流动，如图 2 - 12 所示。

图 2 - 12　气流数据加工成风图作品

图片来源：https：//www. moma. org/collection/works/163892

2012 年，《风图》（Wind Map）作品被美国现代艺术博物馆（MoMA）收藏，并常年对外展出。两位艺术家将这些气流数据加工成了数据产品，用艺术化的方式还原和表达气流数据，虽然经过了手工绘制和线条美化等比较复杂的处理，但是保留了气流数据的初原自然状态，仍属于点层次的数据加工，所以这些风图作品是零级数据产品。

2.3　一级数据产品

识别数据加工品是否是一级数据产品，可以从三个方面判断：①数据加工是线层次；②用于发现和解决特定的具体问题；③数据加工品是具象实效形态。这些也是一级数据产品的三个基本特征。

2.3.1　作为行为决策工具

在日常的工作和生活中，人们无时无刻不面临着权衡取舍，需要对具体问题做出判断和决定。不同层面的人们在各种场景下都需要做决策，如国家层面制定宏观经济政策，集体层面明确企业战略的具体方向，个体层面选择一条到目的餐馆的行车路线。数据不仅可以表征事物的特定属性，而且可以作为基础依据推演出事物运动和变化规律，这是数据加工品普遍被应用于决策的重要原因。

1. 品牌数据银行的营销策略

品牌数据银行（Brand Data Bank）是阿里巴巴给宝洁（P&G）、星巴克（Starbucks）和沃尔沃（Volvo）等面向大众用户的品牌商提供的数据资产管理平台，帮助品牌商将所拥有的数据资产实现全链路可视化、释放商业数据能量。品牌数据银行是数据产品的加工场所，提供包括数据沉淀融合、数据洞察分析、数据激活增值等数据服务。品牌商可以通过该平台把自有数据融合阿里巴巴生态圈里的社交数据，打通数据孤岛，实时融合成品牌商自己的用户数据资产，进而加工出许多数据产品。市场营销策略是其中的一级数据产品，如图 2 – 13 所示。

图 2 – 13　品牌数据银行的营销策略

图片来源：http：//cts. alibaba. com/product/databank，2019 – 06 – 01

作为一级数据产品的营销策略，其数据加工是在线层次。整个数据加工的过程，已经分不清或看不出到底是哪些数据在发挥决策作用。营销策略作为数据加工品，不是某些数据的可视化加工，而是与源数据有了本质的变化。具体如下：阿里巴巴将旗下的天猫商城交易和广告数据、芝麻信用的征信数据、优酷的娱乐数据、高德地图的位置数据，以及新浪微博等关联公司的社交数据汇集到品牌数据银行平台；同时，品牌商将之前委托第三方或自己调研得到的用户行为数据或反馈数据，甚至业务交易数据也上传到品牌数据银行平台。这些来自不同系统原本处于数据孤岛状态的线上和线下的源数据，被打通和融合形成该品牌商的数据资产。然后按营销学的从认知到忠诚的模型将每个品牌商的消费行为数据，以全链路形式客观地、可视化地呈现出来，使品牌商可以清晰地跟踪到不同消费群体在不同阶段的特征，如购买忠诚度情况；接着为不同品牌商分析出当前品牌规划中存在的问题，并提出可评估、可量化的有针对性的建议；最后各品牌商将优化后的运营数据再次回流到品牌数据银行，与之前的运营数据进行比对分析。通过良性闭环式的多次迭代处理，建立品牌商数据资产的健康度评估机制，使数据的精准度和有效性得到持续修正和提升。

作为一级数据产品的营销策略，可以为品牌商提供全域营销服务，输出具体问题的数据解决方案，帮助找到更多对该品牌有兴趣的潜在用户。营销策略涵盖全域营销的九大通用场景，包括品牌高价值新客户招募、品牌购买及忠诚客户价值激活、品牌流失人群召回、规模化市场活动蓄水再营销、验证及提升社交内容互动人群价值、第三方渠道用户回流再营销、个性化千人千面的广告店铺联动、线上激活线下用户、创造线上线下统一体验等。不管宝洁公司还是星巴克，他们只要输入提交各自的经营目标和场景要求等，通过品牌数据银行就可以给出具体的市场营销方案。营销策略的产品形态包括宣传推广视频、商业计划书和营销路径规划等，这些内容可能是纸质的，也可能是电子版的，都是具象实效的形态。

2. 顺丰数据灯塔的丰暴大屏

顺丰数据灯塔（Data Beacon）是顺丰速运公司通过收集客户资料、记录车辆位置和汇集用户资料等，融合了顺丰自有的二十余年物流领域持续积累的海量数据，包括覆盖全国三千个城市和地区的三十多万收派员、五亿多个人用户、一百五十万企业客户、三百多万楼盘和社区等内部数据，以及十多亿电商和社交网络等外部数据，然后运用大数据计算与分析技术，通过数据清洗、整合和分析，聚焦生鲜、食品和服装等顺丰优势行业，为商家提供重要的商业决策依据，包括物流和仓储分析、决策、优化等一站式行业运营策略，使商家所做的决策真正做到有的放矢。顺丰数据灯塔是数据产品的加工场所，可以加工出许多数据产品。丰暴大屏是其中的一级数据产品，如图 2-14 所示。

图 2 - 14　顺丰数据灯塔的丰暴大屏

图片来源：https：//dengta. sf-express. com，2019 - 06 - 01

　　作为一级数据产品的丰暴大屏，其数据加工是在线层次。整个数据加工的过程，已经分不清或看不出到底是哪些数据在发挥决策作用。丰暴大屏作为数据加工品，不是某些数据的可视化加工，而是与源数据有了本质的变化。具体如下：通过挖掘、建模、分析和清洗等多维度深层次的专业数据加工，生成物流车辆数据库和运输内容数据库，然后在丰暴大屏中预制了自动实时采集数据的配置参数设置，使数据可以直观地显示。根据预设的采集方案收集到不同角色人群的实时数据，商家无须开发即拥有实时直观的全景动态数据，以消费者、商家和物流企业的数据为依托，合理规划分配资源，提前把物流资源进行一定的配置和整合，提高运营管理效率，同时根据消费者的偏好及习惯，将商品物流环节和客户的需求同步进行，并预计运输路线和配送路线，缓解运输高峰期的物流压力，提高客户满意度和黏度。

　　作为一级数据产品的丰暴大屏，能够输出具体问题的数据解决方案，根据任务场景制定出适合的大数据解决方案，针对特定群体提供具有针对性的内容。由于不同商家的行业背景不同，如有的是做生鲜的，有的是做服装的，生鲜行业和服装行业对要采集的数据不同，所以最后呈现给不同商家的解决方案会不一样，每个商家都会获取不同的内容。丰暴大屏的产品形态包括宣传运输线路规划等，这些内容可能是纸质的，也可能是电子版的，都是具象实效的形态。

2.3.2　作为信息服务范式

数据产品作为信息服务的范式，是指通过对数据采集处理和应用等加工，向人们提供信息服务。要提供这种信息服务，数据加工者一般需要两次数据加工过程。以谷歌搜索为例，谷歌首先要采集全球互联网上的相关数据并建立索引，然后用户需要输入关键词，系统才能根据关键词匹配再返回搜索结果。由于不同用户输入的关键词不一样，所以谷歌搜索返回的内容也会不一样。

1. 网站监控平台的分析报表

用户只需要将网站监控平台的一段脚本复制内嵌到所需要监控的网页代码中，并指定监控时段和区域，那么该平台就可以自动将网站访问者的在线交互操作的行为监控并记录下来，包括网站的实时访问流量，定位访问者所在的国家和地区，访问者在访问该界面之前以及访问该界面之后的动作等，最后输出各式各样的分析报表。用户可以通过该平台全局预览监控的所有的网站的内容，对所捕获的行为数据进行热图呈现和统计分析等操作。网站监控平台是数据产品的加工场所，分析报表是其中的一级数据产品，如图 2 - 15 所示。

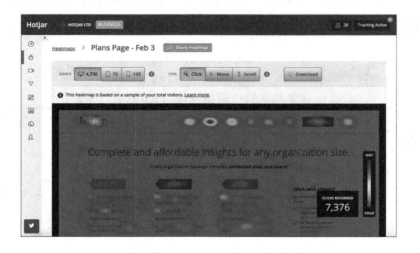

图 2 - 15　网站监控平台的分析报表

图片来源：https：//www.hotjar.com，2019 - 06 - 01

作为一级数据产品的分析报表，其数据加工是线层次。作为信息服务范式，网站监控平台有两次数据加工：首先，预制了丰富的数据可视化分析应用模板，支持用户按指定关键词生成数据图表，同时预设了采集数据的监控脚本程序，方便用户调用；然后，网站监控平台按照用户的监控指令来执行，由于不同用户要监控的网站对象以及要采集的关注点不同，网站监控平台返回的数据结果会不一样。

作为一级数据产品的分析报表，能够针对特定群体提供具有针对性的问题解决方案。基于捕获到的行为数据，分析报表可以直观呈现出访问该网站的访问者主要来自哪些国家和地区，网站访问者在哪些网页上逗留时间较长，帮助管理员查找原因，为改进网站的使用体验提供重要决策依据。通过网站访问者平均浏览页数、停留时间和跳出率等应用分析，网站设计师可以知道网站的内容是否有吸引力，网站结构是否合理，以及网站黏度是否够高。分析报表的产品形态包括热点图、轨迹图和统计图表等，都是具象实效的形态。

2. 论文查重系统的检测报告

论文查重系统是数据服务提供商事先汇集不同期刊论文的资料，然后对提交的论文进行抄袭率检查，最后输出检测报告，报告里面会标识出哪些内容与已公开的资料存在重复。论文查重系统是数据产品的加工场所，检测报告是其中的一级数据产品，如图 2–16 所示。

图 2–16　论文查重系统的检测报告

图片来源：https://www.cnki.cn, 2019–01–14

作为一级数据产品的检测报告，其数据加工是线层次。作为信息服务范式，论文查重系统有两次数据加工：首先，论文查重系统需要采集多方学术论文数据源，包括中国学术期刊数据库、中国学位论文全文数据库、中国学术会议论文数据库、中国专利文献数据库等，构建了庞大的权威数据库，同时通过归档建模处理，预制了相关的查重报告模板；然后，当用户提交待查重的论文文件到论文查重系统，该系统后台将论文与数据库进行比对检查，通过先进严格的抄袭率处理算法，最后输出定制化的内容——他们的检测报告——给不同的用户。

作为一级数据产品的检测报告，能够提供具有针对性的问题解决方案。不管是四川大学的硕士研究生还是澳门科技大学的博士研究生，他们将各自的论文提交给查重系统并支付费用都会得到检测报告，报告内容会根据用户提交查重的论文而发生变化，有的检测报告会显示查重率达到 23%，有的检测报告会显示查重率只有1%，每篇报告所标示出重复的段落都会不一样。检测报告的产品形态可以是看得见的电子文档，也可以是摸得着的纸质文件，都是具象实效的形态。

3. 智能设计服务的设计图样

智能设计服务是用户只要选择一个场景并输入一段文字，系统会返回许多张不同风格的设计样图，如有的是现代效果，有的是欧式效果。智能设计服务是数据产品的加工场所，设计样图是其中的一级数据产品，如图 2-17 所示。

作为一级数据产品的设计样图，其数据加工是线层次。作为信息服务范式，智能设计服务有两次数据加工：首先，智能设计服务会先定义文字排版规则，如对齐位移和尺寸规则、标点排版规则和文字自动缩放规则等，再对图片库的所有图片进行预处理，把布局等不可变部分模板化，将字体和斜度等用户会修改的可变部分归类组合成系列风格样式，预制出各式各样的作图素材，这些素材可以被灵活组合，并且适用不同应用场景下的最佳图片尺寸，如手机全屏、公众号封面和朋友圈分享；然后，当用户输入一段"咖啡味道好极了"文字，并选择广告场景，那么该工具通过自然语言处理技术可以快速解读用户需求，在海量素材库中搜索适合用户需求的设计素材；最后，通过人工智能分析设计素材的色彩、风格、主体和布局等内容，选择合适的字样风格和图片素材，将输出多张设计效果图供用户挑选。

图2-17 智能设计服务的设计图样
图片来源：https：//www. arkie. cn，2018－01－12

作为一级数据产品的设计样图，能够提供具有针对性的问题解决方案。用户需要的是能够在短时间内，快速收到几十张不同风格样式的设计样图来做备选。智能设计服务不仅可以满足这个需求，而且不管普通大众还是专业设计师，只要每个人选择的场景和文字不一样，系统就会因人而异返回不一样的设计样图。设计样图的产品形态都是可以被直接使用的设计效果图，都是具象实效的形态。

2.4 二级数据产品

识别某数据加工品是否是二级数据产品，可以从三个方面判断：①数据加工是在面层次，数据加工品是从多个特定解决方案中抽象再加工的产物；②数据加工的过程是重新再定义问题的过程，数据加工品可以用于衣食住行各领域的宏观战略分析；③数据加工品是通用普适的形态，数据被加工成各类人群在多样场景下都适用的普适性数据产品。这些也是二级数据产品的三个基本特征。

2.4.1 普适性数据加工品

什么是普适性的数据加工品？下面以莫里（Maury）的"航海导航图"为例加以

说明。莫里是前美国海军军官,他通过翻阅航海日志和投掷漂流瓶等方式,在地图上标记绘制出大西洋的洋流和风向等动态,历经 10 多年,最终揭晓了一些适合所有船只航行的天然航线。

当时船长们认为海洋是一个不可预知的世界,船只根据传统航海经验宁愿在水上绕弯也不走直线,虽然船长们知道这并不完全正确,但也只好如此。为了解决这个问题,莫里组建了十几人的团队,首先汇总能收集到的所有航海日志,这些航海日志是水手们历年来每次出海都要记录的真实内容,包括在某个位置遇到的风暴、怪异的水流方向、不同季节的风向变化等。莫里将这些旧航海图上的所有信息进行了梳理,将特定日期和地点的风、水和天气在地图上做了标注,然后根据经纬度来确定方位,将每个区域不同月份的洋流方向和温度、海风的力量和方向等数据可视化地标识出来,这些数据经过整合后,可以绘制出准确有效的航海路线。

莫里的团队和海上航行的船只建立了互动协作机制,每艘船只都可以被视为一个浮动的天文台,船只帮忙收集和反馈航海数据,每艘舰船沿着海上航线投掷漂流瓶,这些漂流瓶中装有投掷日期、所在经纬度和当时风向等信息,同时也沿途收集其他船只投放的漂流瓶。作为回报,莫里将修正后的最新航海图及时提供给船只。这种方式虽然烦琐、费时,而且几乎都是人工操作,但是最终核实了上百万个数据点,这些数据为导航图的准确绘制做了基础准备。通过建立可持续的数据精准度和有效性的修正完善机制,使莫里导航图有能力实现数据的不断更新,并确保提供对船只真正有价值的信息。1855 年,莫里出版《海洋自然地理与气象》(The Physical Geography of the Sea, and Its Meteorology) 专著[23] 和 "航海导航图",如图 2 - 18 所示。

在莫里导航图的帮助下,水手们可以不用再亲自去冒险探索,不仅帮助船只节省了一大笔钱,也减少了 1/3 左右的航海路程,而且更重要的是增加了航海安全感。第一根跨大西洋电报电缆的顺利铺设也得益于莫里所收集的洋流数据。即使到今天,美国海军颁布的导航图上仍然有他的名字,也有人称他是最早的大数据实践者。

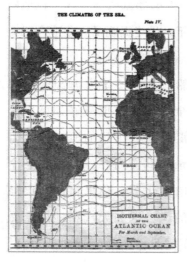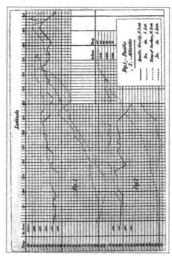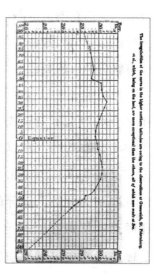

图 2 – 18　适合所有船只的天然航线

图片来源:《海洋自然地理与气象》

　　天然航线是莫里带领团队共创出来的二级数据产品,原料是航海日志和漂流瓶反馈数据。作为数据产品的天然航线,可以被普遍应用在海洋领域,具有广泛的社会意义,从宏观上影响了当时航海线路的选择。值得注意的是,在莫里的航海导航图之前,已经有船长们将经验数据记录在航海日志上,并且绘制他们经常走的特定航线的注意事项。这些基于数据的针对性线路的解决方案是一级数据产品,换句话说,莫里的天然航线是在这些解决方案的基础上再提炼加工而成的。

2.4.2　重新定义行业规则

　　以阿里巴巴的芝麻信用分为例,芝麻信用在支付宝消费数据的基础上与其他金融机构打通和数据关联通道,综合采集了信用卡还款、网购、转账以及社交关系等数据,成为权威的第三方征信机构。通过对海量数据的综合处理和科学评估,可以判断出用户现金流能力和违约风险,再根据这些内容给用户提供合理范围的信用服务。芝麻信用应用所创造的价值和影响相当大,免押金租房、租车、住酒店和骑自行车等,普通老百姓能够简单、直观地体验到信用的价值和便利。

芝麻信用是阿里巴巴开发的二级数据产品，原料是支付宝消费数据、信用卡还款数据和转账数据等。作为数据产品的芝麻信用，可以被普遍应用在公共服务领域，具有广泛的社会意义，从宏观上影响了当今社会信用制度的选择。

值得注意的是，在芝麻信用之前，已经有银行等金融机构将用户的违约风险做了评估和测算，并且对贷款额度等特定服务形成约束机制。这些基于数据的特定服务的风控方案是一级数据产品，换句话说，芝麻信用是在多个银行各类风控方案的基础上再提炼加工而成的。

参 考 文 献

[1] 路甬祥. 设计的进化与面向未来的中国创新设计 [J]. 全球化，2014 (6)：5 - 13.

[2] 辛向阳. 产品的语境与属性. [C] //第十七届海峡两岸工程技术交流会. 厦门，2014.

[3] 朱珠，舒华英. 比特产品的相关问题研究 [J]. 北京邮电大学学报，2012，14 (2)：65 - 70.

[4] SHAPIRO C, VARIAN H R. Information Rules：A Strategic Guide to the Network Economy [M]. Boston：Harvard Business School Press，1989.

[5] WIENER N. Nonlinear Problems in Random Theory [M]. Cambridge：Technology Press of Massachusetts Institute of Technology，1958.

[6] DATTA P P, CHRISTOPHER M G. Information Sharing and Coordination Mechanisms for Managing Uncertainty in Supply Chains：a Simulation Study [J]. International Journal of Production Research，2011，49 (3)：765 - 803.

[7] MOHANTY B. Economics of Small Scale Industries [M]. New Delhi：Ashish Pub Hause，1986.

[8] 朱珠. 比特产品的需求与供给研究 [D]. 北京：北京邮电大学，2013.

[9] HADJIMATHEOU G. Consumer Economics After Keynes：Theory and Evidence of the Consumption Function [M]. New York：St Martin's Press，1987.

[10] 王玉梁. 评哲学价值范畴的几种界定 [J]. 社会哲学研究，1999 (2)：58 - 63.

[11] BUCHANAN R, MARGOLIN V. Discovering Design：Explorations in Design Studies [M]. Chicago：University of Chicago Press，1995.

[12] BERTOLUCCI J. Big Data Analytics：Descriptive vs. Predictive vs. Prescriptive [EB/OL]. [2013]. http：//www. informationweek. com.

[13] 杜小勇，陈跃国. 大数据的价值发现方法 [J]. 大数据，2017，3 (2)：19 - 25.

[14] 吴超，李骏翔. WikiSensing：从大数据到数据产品 [J]. 计算机科学与探索，2015，9 (10)：1195 - 1208.

[15] 陈为. 数据可视化 [M]. 北京：电子工业出版社，2013.

[16] 向帆. 词意辨析：可视化、视觉化、Visualization 及信息图形 [J]. 装饰，2017 (04)：24 - 29.

[17] SCHULLER G. Information Design = Complexity + Interdisciplinarity + Experimen [EB/OL]. AIGA, New York，2007.

［18］MARTIN Wattenberg，VIEGAS F B. The Word Tree, an Interactive Visual Concord-ance ［J］. IEEE Transactions on Visualization and Computer Graphics, 2008, 14 (6)：1221 - 1228.

［19］JACOBSON R, HORN R. Information Design：Emergence of a New Profession ［M］. Cambridge：MIT Press, 2000.

［20］TOMINSKI C. Event-based Visualization for User-cenered Visual Analysis ［M］. Ros-tock：University of Rostock, 2006.

［21］WATTS D J. A Twenty-first Century Science ［J］. Nature, 2007, 445 (2)：489.

［22］SHI W. Shan Shui in the World：A Generative Approach to Traditional Chinese Land-scape Painting：Proceedings of the IEEE VIS Arts Program (VISAP) ［C］. Baltimore, Maryland, 2016：41 - 47.

［23］MAURY M F. The Physical Geography of the Sea, and Its Meteorology ［M］. New York：Dover Publications, 1855.

第 3 章
数据加工模式

理论上讲，拥有稀缺数据源的企业将拥有竞争优势。然而，事实并非如此！许多企业在大数据投资上耗费了大量的人力财力，也取得了广泛的关注与专业性的口碑，然而却没有获得预期的回报。同样的数据，在有些场合，价值能够实现指数级增长，而在另外一些场合，价值表现一般，甚至负增长。这些涉及数据的加工模式。

3.1　数据加工的通用模式

　　类似语言和文字，数据不仅是人类生活的需要，而且也是社会发展的必然产物。从古到今，人类就一直在探索数据的加工。古代的结绳记事，那根绳子既是数据的承载体又是数据的加工品；如今的火车站或飞机场里面各班次列车或飞机出发和抵达的信息大屏，背后是需要经过一系列的数据加工。按照数据加工的内在逻辑，可将数据的加工过程分为单环加工模式和双环加工模式。

3.1.1　单环加工模式

　　数据单环加工模式是指数据加工过程由三个基本环节构成，这三个基本环节构成一个闭环，源数据经过该闭环过程产生出价值。

　　这三个基本加工环节分别是采集（Collecting）、处理（Interpreting）和应用（Contextualizing），将这三个单词首字母合在一起，简称 CIC 通用模式[1]，如图 3 - 1 所示。

　　实际上，英文单词更能准确表达每个环节的内涵。用 Collecting 来指代"采集"，可以综合包含收集和撷取等含义，涵盖了记录收集、访谈调研和多方合作等加工动作；用 Interpreting 来指代"处理"，可以表达出解析、理解和演绎等复杂过程，即通过有目的的信息提炼，从看似无序的数据中探索出内在规律，最后得到结论的过程，涵盖了数据清洗、编码分析和信息提取等加工动作；用 Contextualizing 来指代"应用"，可以准确表达出数据在特定情境化产生意义的含义，涵盖了提供咨询报告、形成决策依据和生成用户画像等加工动作。

图 3-1　数据的单环加工模式

3.1.2　双环加工模式

数据双环加工模式是指以"源数据"为中心的加工单环和以"用户生成数据"为中心的加工单环叠加在一起，在对初始源数据进行正常加工的基础上，两个数据加工单环之间在采集环节主动创造条件和用户产生互动，使用户在使用数据的过程中产生更多的数据，这些用户生成数据可以被再加工产生新价值，形成一个数据源源不断的动态闭环，如图 3-2 所示。

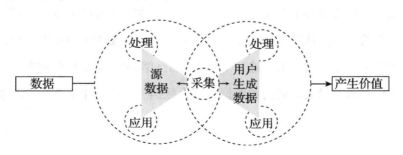

图 3-2　数据的双环加工模式

这里，将初始的原始数据称为"源数据"，将用户参与所产生的新数据称为"用户生成数据"。这两类数据产生价值的过程，仍都需要经过采集、处理和应用三个基本环节。例如，母婴用品商家经过多年经营，已经拥有了大量住院档案和出生证明上宝宝的姓名、性别和出生年月等数据，这些数据可以称为"源数据"。该商家要开拓新市场，准备面向家庭进行营销。为了精准营销，商家需要设法采集到家庭收入、职业和宝宝正在吃的奶粉品牌等数据，于是该母婴用品的商家需要设法通过天猫或京东商城和用户做互动，包括用户留言反馈或填写表单能得到打折券，或者做电话回访等，借此来主动采集到所需要的新数据，那么，这些数据可以称为"用户生成数据"。对这两个数据源进行联合加工，才可以更充分发挥出数据的价值。

数据双环加工模式最大的特点是有用户的参与。用户在参与的过程中继续生成新的数据，这些用户生成的内容经过采集、处理和应用，会发现未曾想到的新问题并找到解决办法。例如，阿里巴巴的发展过程是商家、用户和供应商等参与者一起探索电子商务可行路径的过程，虽然刚开始马云就提出要做电子商务，但是没有可参照的样本。从淘宝到天猫，从支付宝到蚂蚁金服，从双十一到新零售，中间曾经出现大量假货的信任危机，走了许多弯路，但是通过有效的数据监控找到了源头，在商家和用户共同参与下，问题逐一得到解决。

3.2 数据加工的三个层次

数据无论是经过单环加工还是双环加工，数据加工品都会给人们的工作和生活带来或多或少的影响。从紧密度和影响面考量，可以将数据加工过程分为点层次加工、线层次加工和面层次加工。这三个层次分别对应着三个层次的数据价值。

如果用每个圆点代表不同的源数据，那么数据加工的三个层次示意图如图 3-3 所示。

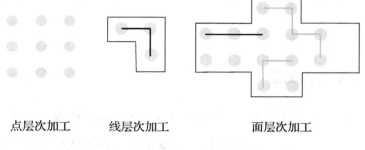

点层次加工　　　　线层次加工　　　　　面层次加工

图 3-3　数据加工的三个层次

点层次加工没有改变数据本身，没有发生质变；线层次加工使数据发生了质变，数据变成了具有特定功能和形态的数据加工品；面层次加工是在多个数据加工品的基础上再抽象综合，数据被加工成更有广泛意义的产品。用可摸得着的产品来打个比方，应该更容易理解一些：假如将数据比作棉花原料，如果给棉花染上不同颜色是点层次加工，该加工过程没有改变棉花本质，不同颜色的棉花是点层次的加工品；如果将棉花加工成各式各样的棉织布料，该加工过程是线层次加工，对老百姓而言，这些棉织布料是具有特定功能和用途的实用产品，属于线层次的加工品；如果用棉织布料生产出款式丰富的棉质衣裤，可以被更广泛的消费者使用，男女老少都适宜，该加工过程是面层次加工，这些棉质衣裤是面层次的加工品。棉花作为原料，从加工品所产生的价值大小来判别，棉质衣裤的价值层次大于棉质布料，棉质布料的价值层次大于棉花原料。同理，数据作为原料，同一份数据经过面层次加工所产生的价值大于线层次加工所产生的价值，同一份数据经过线层次加工所产生的价值大于点层次加工所产生的价值。

目前大部分企业内部开展的数字化转型仅实现了点层次和线层次的数据加工。有的企业搭建 IT 系统仍停留在采集企业经营过程中的各项数据以及初级数据的可视化呈现；有的企业通过数据加工发现市场规律和趋势，数据作为企业的决策依据，满足运营决策或机会预测需求；有的企业有能力将自身内部多年优化成熟的数字化产品售卖给同类企业，具备面向某个特定行业提出一套能解决问题方案的能力。例如，通用电气（GE）公司旗下的 Predix 数字化工业互联网系统，2014 年仅单独售卖该系统就给公司带来了 10 多亿美元的收入。虽然通用电气公司的数据加工技术能力比较先进，但实际上，该系统的数据加工仍处于线层次，还没有更深层次挖掘出数据的潜在价值。

3.2.1　点层次数据加工

亚马逊（Amazon）前首席科学家维真德（Andreas Weigend）提到：大数据是新的石油（Big Data is The New Oil）[2]。数据被看作是和石油一样的战略资源，一方面说明数据本身是生产原料，另一方面说明数据可以被深度加工，影响人们生活的方方面面。这里将数据的点层次加工与石油的原油加工做类比，如图 3-4 所示。

石油"原油"

图 3-4　点层次加工示意图

原油本身可以直接买卖，也可以通过运输和灌装等加工产生额外价值，如将原油灌装到不同铁桶里面。这类没有改变原油性质，只是改变原油存在方式的加工称为点层次的加工。

同理，假如数据经过采集、处理和应用环节仍保持数据作为原始素材的初原或自然状态（Natural State），不带任何情感，用途有无限可能性，那么这些加工环节被称为点层次的数据加工。

例如，中国首枚民营商业火箭"重庆两江之星"将采集火箭发射过程中产生的飞行试验数据作为其第一个市场定位。火箭在全程飞行过程中有若干试验窗口，每个试验窗口都严格规定了飞行高度、马赫数、攻角和持续时间等技术参数，如在起飞几秒后便进行大攻角转弯动作，目的是采集到各种飞行状况下热防护材料和测控系统设备的正确性和可靠性的验证数据。这些飞行试验数据本身已经具有非常高的价值，因为获取这些数据存在非常高的技术门槛。但是，就数据的价值层次而言，目前这些飞行试验数据的加工是点层次，因为保持了数据作为原始素材的初原或自然状态。这也意味着，这些数据的价值还可以进一步升级到线层次和面层次。

又例如，阿里巴巴每天会采集各商家每日运营的五项基本指标数据，包括每日网站浏览量、每日浏览的人次、每日新增供求产品数、新增同行公司数和产品数等，然后将这些数据按算法做成阿里指数，目的是方便商家能够直观地看到各个行业大盘和产业基地的变化趋势。要做出实用价值高的指数不是一件容易的事情，数据的加工过程需要复杂的数据关联算法，所以毋庸置疑的是这些数据指标本身价值很高，但是就数据的价值层次而言，目前这些运营数据加工的价值更多体现在数据可视化上，没有脱离点层次。

3.2.2　线层次数据加工

石油经过化工冶炼后的加工品多种多样，如塑料、化肥、油漆、合成纤维和炸药等，可应用于衣食住行的各个方面。这些石油初级加工品虽然是原油加工出来的，但是不是原油本身了，已经有了本质的变化。人们在塑料颗粒上看不出原油的影子，甚至有些人会诧异塑料居然是石油加工出来的。

同理，假如数据经过采集、处理和应用环节，被加工成场景式的商业应用，如多种数据关联处理后形成的解决方案可以作为具体城市某商场的招商决策依据，基于用户消费行为的数据可以提升电子商务的精准营销，那么这些加工环节被称为线层次的数据加工。人们在这些数据加工品上无法直接知道是哪些数据在起作用，因为数据加工已经让数据发生了质的变化。人们感受到的是数据加工后的各种应用所带来的好处和坏处，老百姓已经不关心作为原料数据本身的精准度等属性。这里将数据的线层次加工品与石油经过化工冶炼后初级加工品做类比，如图 3-5 所示。

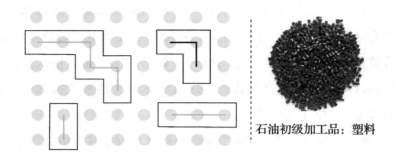

石油初级加工品：塑料

图 3-5　线层次加工示意图

例如，大型商场一般都提供免费的 Wi-Fi 无线网络，消费者可以自由接入网络。当消费者的手机接入无线网络时，手机硬件地址（MAC）数据会自动到商场的无线网络进行登记，登记成功才能正常使用网络。在登记成功的时候商场实际上就获取到了所有接入网络消费者的手机硬件地址，然后通过后台数据库的匹配可以得到该手机的唯一设备识别号码（IMEI），进而获取到该消费者的手机号码，最后关联出该消费者的银行卡号和消费记录。所有这些数据关联在一起可以帮助商场精准知道来访者的消费能力。绝大多数大众消费者不知道背后是什么数据在起作用，他们感受到的是因为连接了商场的无线网络，然后商场就知道了银行卡相关信息。从消费者的手机硬件地址数据到场景式的消费商业应用，这一系列的数据加工需要经过几次较复杂的数据关联，这些过程是线层次的数据加工。

又例如，IBM 公司的 Watson Analytics for Social Media 舆情监测平台，可以透过纳入与排除功能锁定企业关心的议题，快速从各大网络社交媒介上收集舆情数据，分析判断舆论源头，帮助品牌商随时掌握其形象、产品讨论度等网络声量与舆论情绪，一旦出现异常舆情，可以保障紧急公关处理，避免品牌失控。品牌商不用关心故意抹黑的数据从哪里来，也不用关心哪条数据定位了问题，他们只需关心要解决什么问题。从舆情数据收集到应急处理反应，这是场景式的商业应用，整个过程需要复杂的数据分析，这些过程是线层次的数据加工。

3.2.3　面层次数据加工

石油高级加工品是以初级加工品作为基础的。以塑料制品为例，先要有塑料颗粒的初级加工品作为基础，才能有塑料瓶、塑料餐盒和塑料脸盆等石油高级加工品。老百姓对黑乎乎的原油没什么感知，但是这些石油高级加工品和老百姓日常生活息息相关，是不可分割的组成部分，其使用量已影响全球环保策略的制定。这也是为什么说石油是国家战略资源的重要原因，甚至影响全球政治地缘关系。

同理，假如在线层次数据加工品的基础上，进一步提取加工成各类人群在多样场景下都适用的普适性数据加工品，那么这些环节被称为面层次的数据加工。面层次的数据加工品有两个特点。一个特点是具有"普适性"，适用于广大的用户群体，而不仅仅是面向专门的用户；适用于多样化的任务场景，而不仅仅是服务特定的场景。另外一个特点是具有"宏观性"，这些数据加工品的使用量会影响各领域或各行业宏观策略的制定。这里将数据的面层次加工品与石油经过化工冶炼后高级加工品做类比，如图 3-6 所示。

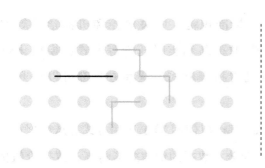 

石油高级加工品：塑料瓶

图 3-6　面层次加工示意图

例如，芝麻信用是面层次的数据加工品。芝麻信用适用于几乎所有互联网化的消费行为，适用于金融贷款、短期租房、租车出行、在线婚恋和共享单车等上百个场景，可以为用户和商户提供信用服务。芝麻信用有上亿的用户规模，成了事实上的第三方权威征信机构，其影响力已经触及国家层面的全民信用机制。芝麻信用是在精准营销、理财产品、城市服务、风险评估和社交媒体等场景式的数据应用的基础上开发出来的多样场景下都适用的普适性数据加工品。

3.3 提升加工效能的方式

提升数据的价值效能有三个通用的方式：自动化（Automation）、实时化（Real-time）和模板化（Templatable），将这三个单词的首字母合在一起，简称 ART 通用方式，如图 3-7 所示。

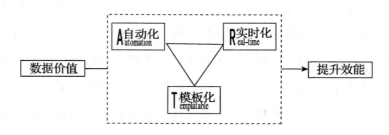

图 3-7 提升加工效能的方式

其中，自动化包括随时调取、标准规范、中央集控和机器学习等方式；实时化包括实时融合、即时动态、打通孤岛和实时托管等方式；模板化包括量身定做、场景预制、全链可视和互动看板等方式。这些方式都可以提升数据产生价值的效能。

点、线、面三个层次的数据加工都可以使用 ART 通用方式。从数据加工的管理角度来说，ART 通用方式应用得越充分，数据的价值效能越高，数据价值呈现指数化增长的可能性将越高。

3.3.1 自动化：端到端数据流管道

数据的自动化加工方式是指在没有人或较少人的直接参与下，通过某种自动处理技术，人们只需调整参数，数据就可以被采集、处理或应用，端到端地实现预期目标。例如，高速公路的不停车电子收费系统（ETC）通过识别并读取安装在车辆风窗玻璃上的车载电子标签内的相关数据来实现自动收费。

如图 3-8 所示，端到端的数据流管道要实现自动化，需要通过配置参数进行管理。丰富多样的策略被灵活组合，才能最大效能地满足用户对数据使用的差异化诉求。用户通过调整参数间接影响数据加工过程，使数据处理模型达到性能和准确性要求，以及逻辑算法达到成熟稳定状态[3]。参数的个数和配置方式取决于系统的复杂度。

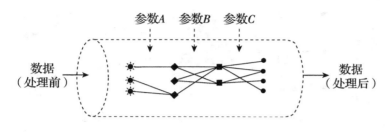

图 3 - 8 自动化数据加工示意图

例如，四川航空公司的飞机经常在西藏等高原地区的稀薄空气中飞行，海南航空公司的飞机经常在太平洋上空飞行。因为两家航空公司的飞行需求不一样，所以它们对发动机的风险告警等级要求也不一样，那么发动机预警系统需要根据两个航空公司的使用场景配置出不一样的告警数据处理策略。通过调整可配置的参数，使发动机的风险告警数据可以更有针对性地产生出价值。

自动化程度有强弱差别。有的过程需要较多的人为干预，如公司的经营数据经过自动化分析后得到一些数据报表和预测，如果下一步的决策可能引发公司的战略转型，此时就必须人为介入，不能交给机器来完成。有的过程可以由机器完全自主完成，将人力、设备和自然资源等主动连接起来。物联网技术越来越成熟，微电子化嵌入式设备仪器在没有人为干预的情况下，已经可以直接与环境通过数据产生联系[4]。这种不与人类直接接触就能够自动完成信息感知和采集的主动计算（Proactive computing）方式是自动化数据处理的未来趋势。

3.3.2 实时化：随时随地在线处理

数据的实时化加工方式是指数据可以实时贯穿在采集、处理和应用整个过程，不仅数据源会自动刷新同步异地的最新数据，而且可以被及时处理和应用。例如，在火箭发射过程中，火箭状态的实时数据会被第一时间传递到控制中心，用户通过移动设备可以全球同步查看到这些即时数据。

随时随地在线处理，意味着需要一个媒介每隔一段时间自动更新源数据，然后将数据加工后传递给需求方，如图 3 - 9 所示。

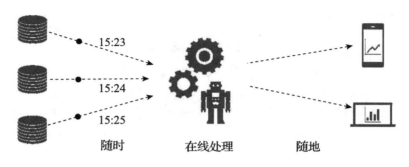

图 3 - 9   实时化数据加工示意图

例如，金蝶精斗云使用"智能小白"来实现随时随地响应客户。智能小白是一个实时在线的问答机器人，当用户在使用精斗云过程中遇到问题时，可以通过智能小白得到答案。精斗云有应知应会的知识数据库，智能小白自动识别用户的访问方式，然后提取相关的知识点返回给用户。假如用户是从官方网站来询问，那么智能小白默认该用户是咨询售前相关问题；假如用户从某产品界面询问，那么智能小白默认显示对应产品的热门问题。由于是在线问答机器人，所以可以 24h 实时响应用户的请求。

又例如，通用电气公司（GE）的数字化工业互联网系统（Predix）倡导的实时智能运维（RTOI），其理念核心就是实现数据的实时化处理。再例如，致力于使机器数据对每个用户来说更易于访问、便于使用和更具价值的日志数据引擎（Splunk），该产品的核心能力也是实时采集关联机器上的数据并建立索引，这种能力可以帮忙用户快速解决问题。

3.3.3   模板化：从需求到解决方案

数据的模板化加工方式是指对不同业务场景的数据应用进行抽象，将所需的干净数据和配置参数保存为公共模板，使今后遇到相似或相关的用户需求时，可以自由组合使用模板，最大程度上重用这些数据应用，以快速响应和解决不同用户需求，从而提升数据产生价值的效能，如图 3 - 10 所示。

模板化的一般步骤：首先，将每个相对独立的数据应用的共性点提取出来，并把对外的数据接口标准化，形成可以被重用的模板；然后，将具有标准接口的可互换模板作为数据加工品的基本单元，通过可灵活配置的策略，形成面向特定行业的数据解决方案。当有用户提出需求时，设计师通过解决方案的策略配置实现数据与用户之间的连接，不同策略为不同用户连接不同的数据，一旦定下策略，用户就可以快速获取和使用所需数据，便捷满足用户的个性化需求。更重要的是，需要将这些解决方案模板以可视化的方式，采用业务的语言，将其提供给业务部门，业务人员根据不同客户的特点快速形成新的解决方案，连接数据源后就可以直接运行。

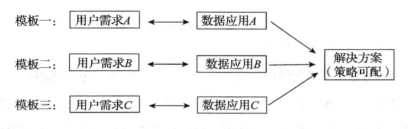

图 3 - 10　模板化数据加工示意图

以商业级数据可视化 ECharts 工具（https：//echarts. baidu. com）为例，如图3 - 11所示。该图表工具开发了多种数据格式的转化功能，使用户传入不同格式的源数据，系统便会自动将其格式转换为标准通用数据，数据只需一次转换，后续多个组件能够共享使用，无须重复转换，将其加工成为数据可视化模板，不仅可提供折线图、柱状图和散点图等数据图表，而且可提供详情气泡、时间轴和工具箱等可交互组件，具备功能丰富的数据可视化分析和整合呈现的能力。通过接收用户的新数据——他们导入的源数据集，该工具先将这些数据转化为标准的通用数据，再将通用数据和图表之间通过开放的接口建立映射关系，使得可以实时读取最新的动态数据，自动驱动数据图表做相应的展现变化，用户不仅可以按不同领域来高度个性化定制数据可视化图表，而且可以通过手机端或计算机端随时随地、流畅地对数据图表进行查看和交互操作，分析出自己想要的结果。

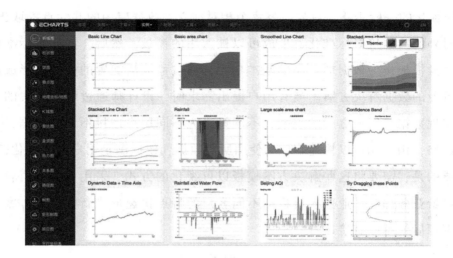

图 3 - 11　模板化的数据图表工具
图片来源：https：//echarts. baidu. com

　　值得说明的是，模板化设计和模块化设计不是一回事。虽然思想有点相近，但是考虑的角度不同。模块化设计是从技术方案来考虑的[5]，指在工程领域的可适应设计和大规模定制中的重要设计方法[6]。模块化是通过功能模块的不同组合实现产品的用户化和定制化设计[7]，或者说通过模块组合或产品平台的衍生实现产品的快速设计[8]。而模板化设计是从用户角度来考虑的，产品所具有的某个功能与产品所具有的其他功能可以互不相关，但要满足预定的用户需求[9]，通过选择适当的配置参数，快速满足用户的定制化需求。亚马逊公司总裁贝索斯（Jeff Bezos）提到：如果亚马逊网站上有 100 万个顾客，那么就应该有 100 万个商店。要实现这句话的目标，背后需要依托的是模板化的数据加工能力。

3.4　数据产品的生产范式

　　若将数字化系统看似人体血液系统，那么数据就像血液，是生命的根本。若将数字化系统看似一座棉衣加工厂，那么数据就像棉花，是生产的原料。数据产品的生产范式可以分为两种：一种是传统的手工生产范式，另一种是平台式的智能生产范式。提升数据的价值效能，应当从手工生产范式转向智能生产范式。

3.4.1　手工生产范式

手工生产范式的数据加工是指数据加工者需要熟悉每个加工环节或工序，从需求到交付都要参与，如要知道数据从哪来，是否稳定，怎么处理等。这种生产范式很像工业革命之前大量存在的家庭手工作坊的小批量生产加工过程。

手工生产范式的数据加工有三个需求转译的过程：①将用户需求转译成业务需求，如用户想知道商场哪个位置适合开星巴克咖啡店，那么该用户需求要被转译为业务需求：系统从哪几个维度来判断地理位置是否合适；②将业务需求转译成技术需求，如系统中需要哪些数据才能分析出商场中适合开星巴克的位置；③将技术需求转译成机器需求，如编写一段可运行的代码脚本采集到所需的数据，调用某人工智能算法提高精准度等，如图 3 - 12 所示。

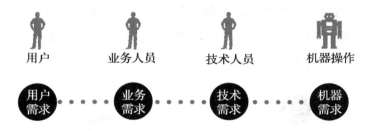

图 3 - 12　手工生产范式的示意图

手工生产范式的劣势是：①即便同一个加工过程，不同加工者需要重复相同的劳动过程，所以生产率低，只能小批量满足用户的需求；②每个用户需求都要完整走完三个转译环节才能完成数据加工，多次转译过程不但抬高了沟通成本，而且容易丢失原始的需求信息，导致用户需求失真；③数据加工的技能要求比较高，如要学习大数据技术，用户的需求越复杂，对技术人员的能力要求越高，随着技术的不断发展，技术人员的能力也要与时俱进得到提升，高技术门槛会导致加工者的技能参差不齐，加工质量得不到保障。

手工生产范式的优势是：①因为和用户经常保持沟通，所以可以比较容易满足用户的定制化需求；②手工加工出来的数据加工品会偏人性化，类似手工艺品会比

063

工业品更有人情味是一个道理。

手工生产范式的采用与社会技术的进步程度没有直接关系。农业社会、工业社会和信息社会都会采用手工生产范式来对数据进行加工。手工生产范式的效率与社会技术的进步程度有直接关系，技术工具越先进，手工生产率越高，如人们可以借助先进的人工智能技术提升数据加工的效率，进而让数据的价值效能得到提升。

3.4.2 智能生产范式

智能生产范式的数据加工是指数据加工者只需关心用户需求，数据的加工环节通过后台配置完成。这种生产范式有点像工业流水线作业的大批量生产加工过程，同一份数据的加工品可以被多人重用。

如图 3-13 所示，智能生产范式有几个特点：①用户只管提需求以及关心需求是否被满足，并不需要掌握数据加工的技能；②业务人员根据用户的需求，在系统上配置参数就可以向用户提供合适的解决方案；③数据加工系统由专门技术团队统一维护，维护能力有保障。

图 3-13　智能生产范式的示意图

智能生产范式的数据加工有以下两大优势：

1. 可以构建出平台优势

当自动化、实时化和模板化被集成到一个平台上，三者共同作用产生的效果将被放大。现在流行的数据中台就是一种智能生产范式。例如，亚马逊雇用了上百名博士经济学家，帮助亚马逊电子商务平台创建更准确完备的产品价格指数、广告的精准投放方式、会员卡的福利策略等，这些一旦被应用到平台上，将向所有用户产生作用，数据价值将呈现指数化提升。

2. 可以满足个性化的需求

数据加工系统可以集成人工智能和机器学习等技术，满足用户多样化和定制化的需求。以阿几智能设计工具（https：//www. arkie. cn）为例，用户无须任何设计方面的专业知识，只要选择一个场景，输入一段文案，该工具在几秒内便能输出设计效果图给用户做选择。这得益于强大的阿几智能设计工具的数据加工能力，该工具事先对图片库中的图片进行处理，将每张图片内容分成可变和不可变两部分，将布局等不可变的内容保留下来并范本化，将字体和斜度等可变的内容样式化并做成动态可替换，即通过参数化配置的方式，加上人工智能等自动处理技术去满足个性化的需求。

数据的智能生产范式和餐厅实现高效高质做出菜品的过程几乎一样。假如顾客想要在餐厅点一份"青椒炒土豆丝"菜品，和客户想要通过地产大数据方案知道"这个地段是否适合开星巴克"也很类似，见表3-1。

表 3 - 1　智能生产范式的数据加工

菜品——青椒炒土豆丝	产品——地产大数据方案
餐厅需要知道哪个供货商有土豆和青椒，分别产自哪里，食材是否新鲜安全	商家需要知道哪里有消费数据和人流数据，数据不仅可持续更新，而且可以合法获取
餐厅需要和供应商签订定期供货协议，并对供应商进行管理，保障食材的供货渠道畅通	商家需要管理数据源，通过配置数据更新同步机制，保障第一时间获取到最新的数据
餐厅需要对不同供货商的食材称呼统一名称，如洋芋、马铃薯都是土豆	商家需要对数据的属性进行配置，约定同一套规则，统一语言，后续方便管理
餐厅需要挑选出好的土豆和青椒，清洗掉泥巴，干净的食材才能放到厨房台面上	商家需要将不完整的数据或者错乱的数据清洗掉，准确的数据才可以进入数据分析阶段
餐厅提前将清洗好的青椒和土豆切好，将准备就绪的食材原料装好放在一起	商家提前将已有的不同数据集关联起来，方便快速调用来支撑各类分析业务

（续）

菜品——青椒炒土豆丝	产品——地产大数据方案
餐厅为了又好又快地做出菜品，对炒菜过程做了基本的流程规范	商家为了快速生成数据图表，事先对数据之间运算过程的函数进行配置
餐厅为了避免出现配菜临时短缺的困境，需要快速知道厨房土豆和青椒等配菜使用情况	商家为了避免数据分析维度不足，需要实时统计各类数据的使用结果和处理异常等情况
餐厅为了食材新鲜，不仅做到当天实时配送，而且机器自动挑选优质土豆并切成土豆丝，备用在厨房台面上	商家搭建实时智能运维的数据平台，不仅实时更新数据源，而且能够按配置方案自动数据清洗，预制出通用的决策报表和数据模块

伴随多样化和个性化数据消费需求的日益增长，智能生产范式显然更能满足社会发展的需要。数据加工需要从手工生产范式转向智能生产范式，才能有效提升数据的价值效能。

参 考 文 献

[1] 李满海. 基于价值维度的数据产品化设计研究 [D]. 澳门：澳门科技大学，2019.

[2] WEIGEND A. Big Data, Social Data, and Marketing [R]. World Marketing Forum, 2013.

[3] FAYYAD U M, STOLORZ P. Data Minming and KDD：Promise and Challenges [J]. Future Generation Computer Systems，1997，13 (3)：99－115.

[4] TENNENHOUSE D L. Proactive Computing [J]. Communications of the ACM，2000，43 (5)：43－50.

[5] 路甬祥. 工程设计的发展趋势和来来 [J]. 机械工程学报，1997，33 (1)：1－8.

[6] GU P, HASHEMIAN M, ANDREW Y C Nee. Adaptable Design [J]. CIRP Annals— Manufacturing Technology，2004，53 (2)：539－557.

[7] 侯亮，唐任仲，徐燕申. 产品模块化设计理论、技术与应用研究进展 [J]. 机械工程学报，2004，40 (1)：56－61.

[8] 高卫国，徐燕申，陈永亮. 广义模块化设计原理及方法 [J]. 机械工程学报，2007，43 (6)：48－54.

[9] NAM P Suh. The Principle of Design [M]. Oxford：Oxford University Press，1990.

第 4 章
数据的价值感知

————

假如采用最智能的生产范式加工出最高层次的数据价值，那么用户就愿意买单吗？答案是：不一定。同样的数据加工品带给人们感受到的实际价值会因人而异，也会因使用场景而产生差异。

4.1　数据与人的经历

　　同一份数据加工品对某人可能非常有价值，而对另外一人可能就一文不值。数据的价值感知与个人经历的紧密度相关。

　　当数据和人的经历之间产生某种关联时，数据的价值才可能被人所认知。数据与人的经历的紧密度会影响人们对数据价值的判定，可以分为三个阶段[1]：①两者没有关联，数据与人的经历之间没有产生关联；②相互交叉影响，数据对人的经历产生或多或少的影响；③构成经历核心，数据成为人的经历主体，如图4－1所示。

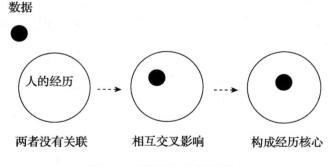

图 4－1　数据和经历的紧密度

4.1.1　两者没有关联

虽然全球数据量出现井喷,但是绝大部分数据与具体个人的经历是不相关的,有下面几种情况:

有些数据只在特定领域中应用,这些数据与领域之外其他人的经历毫无关系。例如,欧洲核子研究组织的大型强子对撞机从 2011—2016 年期间已经产生了超过 300TB 的实验数据,这些数据对领域内的相关研究学者有关系,与普通老百姓距离太远。

有些数据只对本人自己有影响,但是很难或者不会对其他人的经历产生关联。例如,中国银联每天都会记录上亿条消费记录,不同持卡人的数据各自存在,相互之间不会产生影响。

有些数据是人们工作或生活经历过程中的附属产物,这些被记录的数据可能被收集,但没有对自己本人产生影响。例如,谷歌搜索会记录用户在输入框输入的搜索关键词,假如这些关键词数据只是被用于改善搜索引擎准确度,而不是用于帮助谷歌精准推送广告,那么这些关键词数据对具体用户就没有产生影响。

当数据和人的经历没有发生关系,那么人们对这些数据就不会产生任何的价值感觉。

4.1.2　相互交叉影响

在数据在线、流动和开发的大趋势下,人们或多或少会被数据所影响,无论是好的还是不好的影响。

有些数据可以改变人们的经历过程。例如,人们网上购物的行为数据可以被用于精准广告推荐,下次再次访问网站时,基于偏好数据的精准推送引擎可以避免人们被垃圾广告干扰。又例如,无人驾驶汽车车身上的摄像头和激光雷达等传感设备的数据,带给人们颠覆性的驾驶体验,今后人们不需要自己操控驾驶汽车,数据驱动的汽车就可以将乘客运送到目的地。

有些数据可以加深人们的经历感知。例如，人们完成体育比赛的时候，详细的图表数据可以方便人们直观看到自己的成绩，这些数据会加深人们对比赛精彩过程的回顾，给人们带来好的体验。又例如，位于西雅图大学城的亚马逊实体书店让产品与用户之间的交互从熟悉的线上的屏幕操作持续连贯地延伸到线下体验，如书架上的卡片会像网页一样显示出4.8分以上的精选书，同时还会附带读者的评论意见卡，打印出线上的用户评论内容。这种线上和线下应用通过数据有机地连接起来，给用户完整的心理感知一体化设计。

当数据和人的经历相互交叉影响时，人们不仅会开始认识和感知到数据的价值，而且会对数据的存在意义产生新的认知。例如，经历过5·12汶川大地震的人们看到5月12日，就会回忆起一些往事，引发伤感流泪，以及开展一些纪念活动。

4.1.3　构成经历核心

当人们身边的物品和行为被记录成文字、图片、声音和视频等数据，随着虚拟现实（VR）、增强现实（AR）和人工智能（AI）等数据处理技术的广泛应用，人们的消费开始分不清虚拟和现实之间的边界。

越来越多的低头族已成为普遍的社会现象，如人们边走路边看手机，公交车站各自默不作声看手机，上班埋头在计算机屏幕，回到家躺在床上也在看手机，人们低头看屏幕，上网、玩游戏、看视频等把零碎的时间填满。网页新闻、网络游戏、在线电影和付费音乐等都是数据，这些数据成了低头族的人生经历组成部分。当某人在不知不觉间刷了1h抖音短视频，那么在此人的人生经历里，这1h的抖音短视频数据就是他经历的核心内容。

音乐是数据，当音乐成为人们随身听的内容，当歌曲数据与人的经历密不可分时，那么这些数据就会构成人们的经历核心。当人们的行为都在围绕数据展开时，当数据成为人们经历中不可或缺的组成部分时，人们愿意为数据的价值付费。例如，苹果（Apple）公司的音乐业务，2017年的营收达20亿美元，增长九成。由此可以看出数据与人们经历紧密度的重要性。

4.2　用户被动地感知

　　被动感知数据价值，是指用户就像坐在电影院里的观众，只需要欣赏或使用已经生产制作好的数据加工品，不管你喜不喜欢，电影剧情不会因你的心情而发生改变。即使允许用户和数据产生互动操作，数据加工品给用户返回的内容也是事先预制好的，不会因为用户的意愿而变化。例如，天猫商城将商家各项核心运营指标的数据统计整合后可视化显示出来，商家可以选择查询条件过滤出自己想要的数据，当查询条件确定后，返回显示的数据不会改变。

　　在被动感知数据价值的过程中，用户的关心点会聚焦在数据本身的质量上面。数据本身的质量分为客观质量和主观质量两方面。

4.2.1　数据的客观质量

　　数据的客观质量是指可以被量化评估，不以人的意志为转移的一些质量指标。可以从下面四个方面来评估数据的客观质量：

1. 数据的精确性 (Precision)

　　数据的精确性是指数据数值的精确程度，如小数点三位数比小数点两位数的精确程度高。在科学研究领域，各类研究试验都会想各种方法获取到高精确度的数据。

2. 数据的准确性 (Accuracy)

　　数据的准确性是指数据实际数值和理论数值之间的匹配程度，反映数据的真实客观程度。例如，一个人既开餐馆又开服装店，因为餐馆的销售终端刷卡机的税点低，所以若用餐馆的刷卡机来收取服装的销售款，那么刷卡机的消费记录就混杂，分不清哪些是来自服装店，哪些是来自餐馆。此时，从刷卡机统计出来的消费数据就存在数据的准确性问题。

3. 数据的完备性 (Integrity)

数据的完备性是指数据满足一定约束条件的完整程度，包括数值是否被全面记录以及前后的记录描述是否一致。例如，有的字符串后面多了一个回车符，而有的字符串没有；有的日期是年月日格式，而有的日期是月日年格式；有的地方记录公司名称字段，而有的地方没有记录公司名称字段。

4. 数据的有效性 (Validity)

数据的有效性是指数据能够体现某个事物或事件特征的有效程度。例如，目击证人提供的视频是否可以描绘清楚犯罪嫌疑人特征，如果可以，那么该视频的有效性就高。假如同一条数据被重复记录多次，给使用者带来干扰，那么该数据有效性会降低。

数据的客观质量可以用于衡量数据的干净程度，决定了数据是否可以被信任。人们常说的"用数据来说话"，突出的就是数据的客观质量。例如，"截至 2019 年 6 月 1 日，重庆大学有 7 位中国工程院院士"，这段描述所提到的数据是精确有效的，也是准确完备的。

不同用户对数据的客观质量诉求不一样。例如，并不是所有数据加工品都要求精确性越高越好，对气象研究员来讲，气温变化数据的精确度越高越有利于准确分析，而对只想知道是否要多穿一件衣服的普通大众而言，就不需要那么高的数据精确性。

4.2.2 数据的主观质量

数据的主观质量是指无法被客观量化，会受到人们主观因素的影响，与人的主观认知紧密相关的一些特征。数据的主观质量有系列评价点，见表4-1。

表 4 - 1　数据主观质量的评价点

数据质量	示例
稳定性 （Stability）	数据源的数据更新状况稳定、有序，如出现时断时续的概率 0.1% 比 0.5% 的稳定性要好多样性
多样性 （Diversity）	数据种类丰富的程度，如全球 100 个国家的数据样本，比只采集 10 个国家的多样性高
实用性 （Practicality）	数据的实用程度。是否有技术能力去分析处理这些数据，如 DNA 双螺旋结构的数据，对普通人来说实用程度很低
可用性 （Usability）	综合考虑业务责任、权限归属、社会影响和伦理道德等原因，数据可以公开发布的程度，如只能有限制地使用和对特定群体局部发布
及时性 （Timeliness）	数据更新的及时程度，使用户可以在行业里先拔头筹，如按分钟比按小时更及时
安全性 （Security）	数据在流通过程中的安全程度，如通过 HTTPS 加密传输方式比 HTTP 的安全性高
隐私性 （Privacy）	数据私密性的程度，如个人隐私、种族歧视和银行交易数据等属于绝对保密
权威性 （Authority）	数据来源的权威程度是否有影响力，如国家外交部发布的数据权威性就很高
秘密性 （Confidentiality）	数据能被了解或被实际采集到的难度，如中央情报局的数据，访问权限要求很高

075

　　同一份数据，不同用户对数据主观质量的解读会不一样。例如，同样是台风数据，对普通老百姓来说，以小时为单位更新的数据，及时性就比较高，而对气象科研人员来说，以秒为单位更新，数据才算及时。又例如，同样是超新星爆炸监测到的数据，对天文学家来说，这些数据有非常高的实用性，而对普通老百姓来说，这些数据基本没有实用价值。又例如，同样是交通监控摄像头的视频数据，对事故责任认定者来说，这些视频实用性非常大，而对事故不相关的普通人来说，这些视频无足轻重。

　　同一份数据，不同来源会影响人们对数据主观质量的解读。例如，同样是企业信息数据，如果这些数据来自国家企业信用信息公示系统、中国裁判文书网、中国商标网或知识产权局专利局等官网，那么人们会觉得这些数据权威性比较高，如果这些数据是从网络第三方平台下载，那么人们会认为这些数据缺乏可信度和权威性。

4.2.3　数据解读成信息

数据是孤立和分散的原始记录，是人们在认知世界的过程中，客观事物在大脑中留下的最浅层次印象。信息是数据被人脑进行加工解释后的产物，包括建立数据之间的相互联系，被人为解释成具有某些意义的文本、数字、声音或图像形式的信息。数据经过人为的加工解释后，被个体认知同化，才能成为信息。例如，单纯的数字 100 只是个客观记录的数据，但若数字 100 是指某人的成绩满分，那么该数据就被解读成了信息。数字 100 从数据到信息的过程，是有人的意图。

除了数据本身的客观质量和主观质量外，数据被人所用还需要一个人为的解读过程。同一份数据，不同人解读出的信息可能会不一样。例如，通过网站行为监控工具收集到用户在商品详情页面的逗留时间，这是客观记录的数据，有的管理者按具体时间段过滤这些数据会给出判断："用户在商品详情页面的逗留时间越长，说明该页面设计合理，因为丰富内容在吸引用户"，然而，有的管理者将这些数据关联订单数据，可能会给出相反判断："用户在商品详情页面的逗留时间越长，说明该页面设计不合理，因为内容太臃肿让用户迷惑"。

也就是说，如果数据价值是通过被动感知的方式来体现，那么会出现同一份数据加工品给不同人带来的价值感知差异非常大，处于不可控状态。解决该问题的办法是：采用主动体验的方式。

4.3　用户主动去体验

主动体验数据价值，是指用户就像戏剧里面的演员，不仅通过自己的参与让数据的价值体现得更充分，而且在用户亲历的主动体验过程中，得到了精神上的满足，如带来成就感。例如，抖音短视频（https：//www.douyin.com）是给大众用户提供表达自我、记录美好生活的短视频分享平台。该平台像个剧院，普通用户和网红主播就像剧院中的演员，不同用户在抖音短视频应用的舞台上通过短视频内容进行交流互动。在该平台上，网红、普通用户等不同角色的用户不仅可以在线发布自己录制的短视频，而且可以欣赏、评论和点赞其他人的短视频。在主动体验的过程中，人们不会纠结数据本身的客观质量和主观质量，人们更多的是去领会意义层面的价值，比如开心就好。

4.3.1 意义层面的价值

人们表面上是购买或使用某个软件或硬件的功能，而内在是想要这些功能能够带来的意义。例如，作者在访谈百度地图使用者的过程中，收集到的部分回复："之所以有意愿在地图上打标记设置某个地理位置和名称，因为这是我家的地址或是某个值得纪念的位置"，"在地图上做了标记，我下班的时候可以快速规划回家的路径"，"有时我也愿意在地图位置上签到，并留言一段文字等，有点无聊，但是觉得还挺好玩就试下，可以给自己带来一点存在感吧"。

意义是社会的产物。人造物的实际用途并不是由设计初衷所决定的，而是由使用者的理解、听取别人对该物品的描述和旁观者对它的评价来决定的[2]。用户有情感，数据就有情感。假如用户不知道怎么解读数据，那么数据对该用户就没有意义。数据因有人的参与才产生意义。

数据加工品给用户带来的意义比功能更重要。用户对数据加工品的需求并不仅仅是拥有它的功能，而是数据加工品所带来的外延价值。数据给用户带来意义层面的外延价值，包括但不仅限于以下方面，见表 4 - 2。

表 4 - 2　数据给用户带来的意义

意义	说明
成就感 （Accomplishment）	获得某种特殊待遇、地位或关注所带来的满足感觉，一般发生在如愿达成目标之后
愉悦感 （Pleasure）	能够给生理或精神带来开心的感觉，如穿干净的衣物，或在整洁清爽的界面高效优雅地完成任务
创造感 （Creation）	能够自主地原创去做一些事情的感觉，被赋予某种可能，而不是唯命是从
归属感 （Community）	能够与周围的人们凝聚在一起的感觉，存在信任和友谊，愿意为该社群付出和奉献

（续）

意义	说明
责任感 （Duty）	能够让人放心，觉得有承诺保障，一种靠谱、算数的感觉，如绿色食品能够带来可依赖的信任
自由感 （Freedom）	没有不必要的约束，被解放出来的感觉，如可以快速搜索找到所需的资源以及顺畅的国际交流
安全感 （Security）	免于担心损失，感到身后有保障，敢于放手去做想做的事情，如数据的通信不会被窃取
公平感 （Justice）	过程中感觉到自身被公平、公正对待，能够体会到被平等尊重的感觉

同样的数据加工品，不同人的解读将产生不同的意义。同样的数据加工品，相同的人在不同语境或环境下也会产生不同的意义，语境的变化会引起意义的变化。例如，同样的交通测速数据，假如显示在高速路上的电子屏上，那么是用于警示驾驶人注意车速，给用户带来的意义是责任感；假如是印刷在学生的课本上，那么是用于教学，给用户带来的意义是安全感。

4.3.2 意义比功能重要

如果说设计1.0和2.0时代，实物设计更多关心的是人类的生存手段，满足人们的物质需求，那么随着社会的进步，人们开始更多关心文化和精神层面的诉求。在设计3.0时代[3]，非物质设计关注点从产品的功能本身转移到使用产品时的心理和精神层面的感觉。例如，有些人宁愿忍受操控不好的不足也想购买昂贵的豪华汽车，因为他们买的不是汽车的运输功能，不是单纯为了豪车的精致内饰，深层次的需求是因为豪车所代表的成就感等这些象征性的意义。

虽然人们对功能还是很在意，但是每个人都会为了与自己心理的意义相配而去使用数据加工品。与意义越相配，价格在决定购买方面所扮演的角色就越不重要。没有人把买来的每一件数据加工品都用来匹配或体现他或她的生活方式，但是每个人都会或多或少买一些能够体现他们心中意义的数据加工品。

虽然无法直接观察到意义，但是用户会因为意义而行动，所以可以通过观察到意义对人们行为产生的影响而判断其动机。例如，爱彼迎（Airbnb）平台是一家提供多样的短租住宿信息，方便旅游人士和家有空房出租的房主直接联系的服务型网站。用户通过该平台可以租别人的房子，也可以发布自己的房子。用户在爱彼迎平台上分享图文并茂的故事，如"我在越南的咖啡之都，与本素不相识的人建立了一种温暖的联系。第一次见到了咖啡树，还在房东带领下尝试了传统的越南美食，遇见了不一样的田园乐趣"。这些故事感动和吸引着更多的人一起到该平台上共创更多有意义的事情。爱彼迎平台之所以受欢迎，是因为在爱彼迎平台上，用户在各式各样的房子信息数据中能够体会到自由和快乐等意义层面的价值，而不仅仅是功能。又例如，蚂蚁森林是一款公益行动：用户通过步行、地铁出行、在线缴纳水电煤气费、网上缴交通罚单、网络挂号、网络购票等行为，就会减少相应的碳排放量，可以用来在支付宝里养一棵虚拟的树。这棵树长大后，公益组织、环保企业等蚂蚁生态伙伴们可以"买走"用户的"树"，而在现实某个地域种下一棵实体的树。通过共同参与的体验，触发人们联想个人经历中的某种情感需求，并在过程中精神得到满足。

079

4.3.3　主动体验的模型

数据价值的主动体验，是将用户作为演员，数据作为道具，数据的运行环境或载体作为布景，功能或服务作为舞台，使用户在和数据的互动过程中获得美好的体验，如图4-2所示。

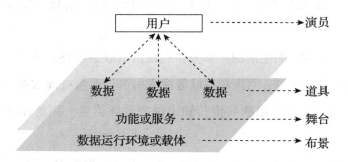

图4-2　用户主动去体验数据

例如，印象笔记（Evernote）应用不仅仅提供记录和处理等类似文档编辑器的所有功能，而且可以自动将笔记内容同步到所有设备。不管是文字、声音、图片还是视频数据，用户不但可以快速找到内容，而且可以直接基于印象笔记和他人展开讨论，高效协作共享。在印象笔记的使用过程中，用户就像是演员可以自由对文字、图片和声音等数据自由编辑和分享，用户也可以自己决定以什么样的方式分享。印象笔记应用本身就像是舞台和布景，创造条件给用户提供尽量多的可能。印象笔记的重点任务不再是设计出多好的样式或模板，而是创造更好的用户自定义样式和模板。

在数据的升级加工过程中，用户对数据价值的认知应当从"被动地感知"转向"主动去体验"。

4.4　数据隐私和安全

数据是一系列与人有关的痕迹，可以为人们描述、记录和还原再现人工物提供可能性。因为数据可能直接作为商品被交易和买卖，所以用户对数据中涉及个人隐私的内容保持敏感。个人隐私与数据安全问题是影响用户对数据价值感知的一个重要因素，例如，假如个人隐私受到威胁，有的用户会毫不犹豫放弃使用某项数据服务。

4.4.1　个人的隐私数据

个人的隐私数据是指公民认为是自身敏感的且不愿意公开的个人信息，如用户的身份、轨迹和位置等敏感信息。隐私的范围包括私人信息、私人活动和私人空间等[4]。

互联网已经成为人们生活的一部分，到处留下数据痕迹。例如，淘宝和京东等电商网站存留着购物习惯；百度和谷歌等搜索引擎记录着查询数据；微博和微信等社交平台知道朋友关系，银联和银行知道消费具体信息，移动和联通知道位置和轨迹。

数字传感器技术的发展使得人们日常情况下的新型数据也可以被收集。例如，基于射频识别的自动付款和车牌识别[5]技术给人们带来方便的同时，也不自觉地在采集个人的车型和车牌等数据；可植入身体的传感器[6]可以方便监视病人健康的同时，也在悄无声息地采集个人的健康指标数据；远程监控系统[7]可以方便子女监视守护着在家老人的同时，也在录制家里的一举一动等。这些无所不在的传感器所收集到的数据也给个人带来了隐私泄露风险[8]。

4.4.2 敏感数据的安全

各类大数据平台日益增多，然而由于缺乏统一的监管标准和引导，对于数据使用的权利和义务尚未明确，各类大数据平台的建设者和用户鱼龙混杂，某些数据控制者公司内部员工的监守自盗泄露，致使数据安全常常难以保障。根据云安全联盟发布的 12 个大安全威胁中，数据泄露高居榜首。例如，2018 年 3 月脸书因隐私设置默认公开和对第三方使用用户数据缺乏有效监控等问题，被爆出超过 5000 万用户数据遭泄露，同年 10 月再次遭遇大规模数据泄露，近 9000 万用户受影响。又例如，2018 年 8 月华住集团旗下多个连锁酒店开房信息遭到黑客攻击而泄露，接近 5 亿条数据在暗网上出售，引发社会舆论对数据隐私保护的广泛关注。

任何国家、组织和个人对隐私数据都是保持敏感的。法律上要求须本人知情，这些个人数据才能被采集、处理或应用。但是可能会因为数据控制者或处理者违背个人信息安全规范而被随意采集和使用，例如，2017 年支付宝统计用户的网购、充值和缴费等消费数据推出个性化年度账单，用户在查看支付宝年度账单时，系统默认同意《芝麻服务协议》，此事被国家网络安全协调局约谈，被指出支付宝采集使用个人信息的方式违背了《个人信息保护倡议》的承诺。又例如，2014 年 3 月《光明日报》对"大数据杀熟"现象专门进行调查，发现同一位用户在不同网站的数据被共享，即在某一个网站搜索或浏览的内容立刻被另一网站进行广告推荐的情况。

4.4.3 数据的四个类别

为了更好地保障数据的隐私和安全，可以将数据划分为四类：描述类数据、业务类数据、行为类数据和反馈类数据。

1. 描述类数据

描述类数据是指能够描述事物特征的基础数据，如用户姓名、性别、籍贯和身份证号码等数据，或者如设备的出厂日期、厂家品牌名称和芯片型号等数据。描述类数据和个人隐私紧密相关，不仅可以用于精准定位用户群，而且属于企业的核心机密，所以绝大多数情况下，企业或个人不会将这些数据进行产品化。

2. 业务类数据

业务类数据是指与业务交易直接相关的数据。对企业来说，业务类数据是核心机密，如公司的营业收入、交易利润和净资产等数据；对用户来说，业务类数据的隐私性和安全性要求很高，如工资流水、历史消费记录和账面余额等个人银行卡的数据。有的企业会将业务类数据加工成行业趋势报告，但是泄密的风险非常大。如果要对这些数据进行加工，需要进行严格的数据脱敏处理。

3. 行为类数据

行为类数据是指用户与系统之间互动所产生的数据，是用户无意识行为的真实记录，能够有效体现特定用户在特点场景的操作轨迹，如登录时间、点击次数、应用下载、使用时长等网站访问数据，以及银行监控摄像头录制下来的用户交易过程的影像数据。这些数据经过脱敏处理后，常用于发布行业报告。例如，微信官方发布了 2018 年微信数据报告，报告中公开统计出每天有 450 亿条消息发送出去，"70后"使用者习惯在 23:30 左右睡觉等。行为类数据也涉及用户的个人隐私，所以这些数据的加工也需要进行严格的数据脱敏处理。

4. 反馈类数据

反馈类数据是指用户通过网页、短信和语音等渠道提交的反馈内容，包括在微博或微信等社交媒介上发表的评论。基于这些数据可以生成用户满意度和净推荐值等，帮助企业及时听到用户的使用意见并且第一时间对问题给予响应处理。例如，在网络社交媒体环境中，品牌处于随时被攻击的状况，即时舆情分析平台需要快速对收集过来的这些反馈类数据进行分析，判断舆论源头，保障紧急公关处理，避免品牌失控。反馈类数据也会涉及用户的个人隐私，但是相对而言数据的安全问题没那么严重。

　　以金蝶精斗云的产品运营为例。精斗云是金蝶旗下云财务软件，是面向小微企业专门推出的一款集财务管理、原材料进取和产品销售等为一体的企业管理工具。其在运营过程中需要采集的四种类型数据为：①描述类数据，如本月新增用户的性别和地域等特点，以及访问云平台的手机类型和品牌等特征；②业务类数据，如双十一下单最活跃的几个省份、送货及时率以及本周单日交易额的变化趋势和每天新增的用户数，某个单品的市场占有率以及产品更新投放市场后与之前产品的质量对比数据等；③行为类数据，如投诉者登录云平台的时间、页面跳转频次、购物车页面、单击提交后的出错次数，以及详情页面的停留时长和退出次数；④反馈类数据，如财务评论区中用户反馈的退款原因，客服中心接到的用户意见最大的投诉问题，通过问卷调查或用户访谈得到的净推荐值。以这四类数据为基础可以构建精准的用户画像，了解客户并进行客户细分，提供精准营销和个性化的智慧服务。

参 考 文 献

［1］ LI Manhai, XIN Xiangyang, DING Xiong. Making Meaning：How Experience Design Supports Data Commercialization ［C］//21stInternational Conference on Human-Computer Interaction. Orlando, Florida, USA, 2019.

［2］ KRIPPENDORFF K. The Semantic Turn：A New Foundation for Design ［M］. Boca Raton：CRC Press, 2006.

［3］ 路甬祥. 设计的进化与面向未来的中国创新设计 ［J］. 全球化, 2014 (6)：5 -13.

［4］ 刘雅辉，张铁赢，靳小龙. 大数据时代的个人隐私保护 ［J］. 计算机研究与发展, 2015, 52 (1)：229 -1239.

［5］ FORESTI G L. Multimedia Video - Based Surveillance Systems：Requirements, Issues and Solutions ［M］. Berlin：Springer, 2000.

［6］ SMITH H J, DINEV T, XU H. Information Privacy Research：An Interdisciplinary Review ［J］. MIS Quarterly, 2011, 35 (4)：989 -1016.

［7］ RICHARD B. Designing for Ubiquity：The Perception of Privacy ［J］. IEEE Prevasive Computing, 2003：40 -46.

［8］ IACHELLO G, GEORGIA J H. End-user Privacy in Human-computer Interaction ［J］. Foundations and Trends in Human Computer Interaction, 2007, 1 (1)：1 -137.

第 5 章
数据产品化要点

作为数据产品的生产者，有四个方面的加工要点需要关注：①数据产品的实效性；②数据产品的利益点；③数据产品价值共创；④数据与体验的关系。

5.1　数据产品的实效性

实效性意味着要直面用户的问题，合理评估数据的加工量，目的是使数据产品化过程变得更高效。

5.1.1　用户关心的是问题

数据的产品化设计，必须要深刻理解用户的深层次需求[1]，帮助用户解决实际问题。绝大多数用户对如何采集数据是陌生的，不熟悉数据处理技术，也很难弄明白这些数据该怎样被应用，但是用户很关心数据能否解决他们的问题。

例如，在突发爆炸现场，警方作为用户，关心的是警务数据系统能否告诉他们第一时间该去监控哪些车辆，以及快速定位出嫌疑最大的人和车，而不想了解该系统的数据后台是如何处理的过程。

又例如，星巴克总裁关心的是希望通过数据分析能够告诉他某个位置适不适合开新的星巴克咖啡店以及原因是什么，而不想了解数据指标模型以及数据技术处理的细节。

随着技术的成熟，谷歌、亚马逊、科大讯飞等越来越多的公司将大数据技术开源，技术门槛下降，技术不再是瓶颈。那么，数据产品化的核心竞争力就在于能否解决用户关心的问题，如从医疗数据中能否帮助患者快速诊断出患有什么疾病。

5.1.2　数据不是越多越好

传统理解上，特别是在自然科学领域，人们会认为采集的数据量越多越好，只要有数据就先存下来，以后再去想怎么分析处理。但是在大数据时代背景下，这种认知方式不合适，因为大数据价值密度低，所以能够产生的边际收益可能不够抵消数据加工环节的成本。例如，专注于移动互联网综合数据服务的北京腾云天下公司，每天处理超过 10TB 海量数据、数十亿次会话请求，已覆盖超过 14 亿的独立智能设备，需要近千台服务器对数据进行处理。这家公司的首席执行官明确提到：那些无效的数据意味着成本，数据加工环节如果无法让数据变现，那么现有业务可能就维持不下去。

在海量数据面前，要衡量应该采集和处理多少核心数据才足以描述事物的特征，或足以还原事物的场景。例如，根据天猫商城统计，目前来自商家的八成以上数据需求是对用户购买行为的分析，如点击量、访问量、固定频率、偏好商品、跨店铺点击、订单流转量，甚至旺旺聊天记录的采集和分析等。那么，这些就是天猫要采集和处理的核心数据，因为商家可以通过这些数据看到商家销量和分析出引起销量起伏的原因。

5.1.3　数据清洗是体力活

由于缺乏统一的监管和规范，各行业的数据格式繁多，数据质量参差不齐。当数据来自多个业务系统时，避免不了数据存在纰漏错误和自相矛盾的情况，这些是不以人的意志为转移而客观存在的问题。

数据清洗是将各渠道采集过来的杂乱原始数据经过标准化加工处理，生成客观性质量高的干净数据，以方便数据共享。阿里巴巴前副总裁、数据委员会会长车品觉提到：数据清洗非常重要，可以避免分析团队被冗杂和重复的工作所困[2]。

任何大数据公司都跑不掉数据清洗硬功夫。即便可以借助自动化识别技术来纠正错别字、剔除重复字和补充残缺等，但是仍然需要大量的人力工作。比如 IBM 公司的数据分析员有 1/3 的时间用在辨别是否是坏数据上，以保证数据系统正常发挥作用。

5.2　数据产品的利益点

数据产品化涉及多方利益和收费问题，涉及哪些数据不适合被加工的社会伦理问题，也涉及如何应对数据隐私问题。

5.2.1　数据利益相关者

为了有针对性地落实数据安全的保护责任，欧盟正式生效了《通用数据保护条例》（General Data Protection Regulation），简称为 GDPR 条例。该条例中将数据利益的相关角色分为以下四类：

1. 数据控制者 (Data Controller)

数据控制者是指能拥有和管理数据的个人或企业。绝大部分的数据服务提供者都是这类角色，如中国银联、腾讯微信和脸书等。这些企业有权利决定采集、处理和应用数据的方式，同时也承担保护数据安全和隐私的责任。

2. 数据处理者 (Data Processor)

数据处理者是指自身没有拥有数据，但会按照数据控制者的要求对数据进行分析处理的个人或企业。市场上提供运营数据分析服务的企业基本是这类角色，如腾云天下公司（https：//www.talkingdata.com）。虽然数据处理者不负责数据的采集和应用，只承接数据处理，但是它们也承担保护数据安全和隐私的责任。

3. 数据生产者也称为数据主体 (Data Subject)

数据生产者是指产生数据的个人或企业。默默产生数据的普通老百姓是这类群体，如一直在产生地理位置和上网时长等数据的手机用户。有一些科研机构也是这类群体，如产生实验数据的欧洲核子研究组织。欧盟颁发的 GDPR 条例是保护这类群体正当权利的法规。数据生产者享有其数据安全被保护的权利，可以对自己的数据进行访问限制和增删改提出要求。

4. 数据使用者也称为数据消费者 (Data Consumer)

数据消费者是指愿意购买数据价值的个人或企业。随着数据产品种类的增加，市场上的数据消费者会越来越多，如家长愿意花钱提前查询到孩子的高考成绩，即愿意为数据的及时性进行消费，那么这些家长就是数据消费者。

数据控制者和数据处理者之间的合作需要建立双方的信任，该过程需要一段较长的时间，不少企业已经开展了系列合作探索。例如，作为数据处理者的大数据解决方案公司和作为数据控制者的企业一起联合建模来建立信任关系，如天眼查公司（https：//www. tianyancha. com）与企业合作时，会先把公开数据导到对方企业的内部机房，用物理隔离起来，再和企业私有积累的数据结合起来进行技术服务，能够洞察和预警风险，针对个人、企业和政府都有相应的解决方案，这样既解决了合规问题，也能够使双方共享数据。

5.2.2 数据产品的收费

数据一旦成为商品，那么就卷入了利益纠纷中。数据经过处理后的数据产品是否应该收费，以及如何收费，学者们持有不同的理解。有的学者认为根据用户的需求进行产品定制，对同一产品，企业都可以实行差别定价[3]。有的提出限制免费、部分免费、捆绑免费和完全免费四种免费策略[4]。有的认为价格应建立在群体消费的基础上，提出以用户为中心的歧视定价策略[5]。有的提出定性分析比特产品的成本、市场形态、网络效用和盗版四个方面的关键因素，定量研究盗版和网络效用的比特产品定价模型[6]。有的提出用户长期免费使用比特产品或服务，也不付出其他降低其效用的隐性成本，企业或个人通过相关产品来获得收入[7]。

如果按数据量来计算价值，那么数据的价值是线性的，如 1MB 数据量卖 1 元，

100MB 数据量就是 100 元，最多打点折。以中国银联的消费数据为例，当将消费源数据作为零级数据产品来原封不动售卖，那么这些数据的收费标准是：第一种是按返回的查询条数收费，查询返回的条数越多，收费越高；第二种是按多少个查询栏位收费，查询准则的栏位越多越贵。若租用一个带计算机的工位，每天 3000 元租金；若要用机房的云服务，费用再单算。大数据公司的一个员工若全年都蹲点在银联数据机房，大约需要支付 500 万～600 万的费用。但实际上数据价值并不能这么算，而必须要考虑社会关系，如当数据具有政治延伸效应时，那么价值可能会被无限放大。

从上述可以看出，学者们的共同观点是数据的权益要视应用情况而定，目前无法清晰地界定。由此引发了一些有争议的数据权益问题，例如，人们遇到互联网应用中老用户看到的价格反而比新用户要贵的"大数据杀熟"现象，有的观点认为这是商家推行正常的差异化定价策略，也有不同观点认为这是滥用数据引发的不公平社会问题。

5.2.3　数据加工的伦理

伦理是指在处理人与人、人与社会相互关系时应遵循的道理和准则。数据加工的伦理是指人们使用数据应遵循的道德要求。数据加工方式本身没有好坏之分，就像一把菜刀，本身是中立的，可以用来干坏事也可以用来做好事，关键在于执行人，数据加工也一样。例如，采用探针识别技术的数据采集方式是中立的，假如该技术用于帮助商场管理提升客户体验服务，那么是积极的应用；假如该技术用于骚扰电话呼叫，那么就是消极的应用，或者说不道德的应用。

以人为中心的设计（Human-Centered Design）出发点是人而不是物，这是人造物的首要原则。数据产品作为人造物，该设计理念同样适用。因为不同人生活在不同的社会、政治、经济和文化复杂的环境下，所以如何表达和加强对人的尊严需要一个持续探索的过程[8]。

以人为中心的设计，从根本上说是对人尊严的肯定。数据可以帮助人们发觉价值观的本源和人活着的最初意义。关注数据强调基于数据的非物质需求，实际上是关注更深层次人生意义的诉求，了解塑造公共和个人生活的通用需求，定义个体、企业和国家的责任。将数据作为设计对象，要求设计师去满足个人的需要，尊重和关心那些可能不喜欢设计成果相关人的控诉，这是设计师的责任。

并不是所有用户需要的产品都完全值得设计师去做，而是要去评估是不是站在社会利益这一边，需要关注产品的设计方式，以及要去思考设计是否对周围环境产生过大的负担[9]。例如，亚马逊网上书店为了更精准推荐图书给合适的网购者，会在网页上多增加空间放置推荐内容，该举措对那些确实需要推荐的网购者来说，这个功能非常好，然而对那些不经常购买的浏览者来说，这个功能所推荐的信息就是垃圾广告，带给用户的体验反而不好。在现实中，需要花很大精力去将用户的行为信息化，而在虚拟世界中，所有事物都是由数据构成的，如果不加管控，大数据的精准营销会给用户带来巨大的困扰[10]。相比制造业造成的环境问题，数据垃圾正在成为可持续发展要面临的新问题，数据垃圾需要从全球的视角去探讨分析[11]。

5.2.4 数据隐私的应对

在数据产品生产者的职责范围之内的应对策略是"数据脱敏"。数据脱敏是指屏蔽掉数据里面涉及个人隐私的内容。例如，通过银联消费数据统计分析，可以输出澳门所有银联消费情况、赌博购物费用占比、来赌场消费的各省份人员占比等群体报告，但是在该报告中不应当看到具体人的具体信息。又例如，通过高德地图的城市交通数据分析，可以得到不同品牌车辆的到访目的地存在差异，奔驰车会经常去别墅和高端酒店，而宝马车则更多停留在购物中心和产业园区，这些分析报告不会有具体某个奔驰车或宝马车的车牌号等隐私信息。又例如，百度迁移地图关注的是群体性趋势，而不是个体行为，避免了涉及公众隐私，因为定位数据来源于内置百度地图服务的数十万个手机应用，并不来源于个人手机定位等隐私数据。

在数据产品生产者的职责范围之外的应对策略是"法律政策"。法律政策是指政府制定相关个人隐私数据保护法规。虽然隐私的概念在社会科学领域已被研究了大概 100 多年，至今没有一个明确的既符合时代发展需求，又符合实践检验的定义[12]，但是最近几十年，全球范围内都在陆续发布数据相关的法规。1970 年，德国黑森邦州的《资产保护法则》最早提出个人数据保护的概念。1973 年瑞典的《数据法》和 1974 年美国的《个人隐私法》被认为是最早明确保护个人数据的法规[13]。2012 年 8 月，美国联邦贸易委员会（FTC）宣布，因谷歌公司违反隐私保护规定，对其做出罚款 2250 万美元的决定。谷歌借助苹果公司 Safari 浏览器的漏洞，绕过该浏览器的隐私设定，跟踪用户的上网行为，并向他们推送广告[14]。这单罚款创下了美国联邦贸易委员会历来裁罚的最高纪录。例如，2016 年 11 月中国政府正式发布的《中华人民共和国网络安全法》，明确了各级政府部门的责任和义务，并将监测预警与应急处置措施制度化和法制化。该法规明确指出要获取和使用用户的数据，都需要用户授权。2018 年 5 月欧盟正式生效的 GDPR 条例适用于欧盟所有成员国的任何机构组织，只要涉及个人数据的采集、处理或应用等操作都会受到该条例的约束。该条例明确了数据所有者删除个人数据的权利，规定若用户不希望个人数据被保留，数据产品或服务提供方必须完全删除相关数据。该条例生效的第一天，谷歌和脸书就先后遭到了诉讼，被指控在未经用户同意的情况下，收集了用户的政治观点、宗教信仰、种族和性别等敏感信息，因此面临上亿欧元的巨额罚款。2019 年 5 月，中国国家互联网信息办公室发布了《数据安全管理办法（征求意见稿)》，标志着数据被赋予收集和存储等相关权利，并规范使用的时代终于来临，将会使行业内的企业更加谨慎对待数据安全隐私的问题，保障数据能够在满足用户隐私保护、数据安全和满足法规的情况下，实现数据流动。

5.3　数据产品价值共创

数据产品化过程中的价值共创有三个方面需要关注：①用户生成内容，吸引用户一起参与共创；②多方共同创造；③使能数据平台，需要给数据产品生产者和消费者创建有助于互动体验的环境。

5.3.1　用户生成内容

用户生成内容（UGC）是实现价值共创的基本条件。在社交网络与个人媒体充分发展的今天，数据的产生不只是计算机学科中的采集和录入，用户生成内容已经成了重要的数据来源。例如，抖音短视频应用上的内容几乎都是由用户自己录制上传的，也正是因为普通大众用户对内容的主动贡献，才有了抖音短视频应用的战略价值的实现。

用户生成的内容可以被再次加工，从而产生更大的价值。例如，谷歌会记录下用户使用搜索引擎的行为数据，包括什么样的用户从哪个地方提交了哪个关键词，点击了哪条搜索结果等。谷歌对流感趋势的分析正是基于用户的这些行为数据。正如阿里巴巴技术委员会主席王坚提到：谷歌数据分析对象是人们怎么使用搜索，而不是数据本身，在本质上是想要理解人的在线行为[15]。

以新零售为例，新零售通过提供与用户互动的机会帮助商业体的战略目标得到共创实现。零售商透过数据洞察用户的需求，及时收到消费者的反馈数据，第一时间通过数据传递最新内容给消费者；消费者通过数据接收更好的服务，在消费过程中又产生数据。这种零售商和消费者都主动生成内容的方式正在重塑价值链，引领消费升级，最大限度地提升全社会流通零售业运转效率和质量。

5.3.2　多方共同创造

多方共同创造让数据有新陈代谢的能力。假如能给用户创造更多一起参与的机会，让数据的生产和消费同时进行，那么数据将越用越有价值。例如，抖音短视频上某位网红来重庆拍了一段轻轨穿过居民楼的短视频，由于这位网红用户有超过 10 万的粉丝，加上这段视频本身呈现了山城重庆的复杂地形所造就的全国绝无仅有的震撼景象，结果该视频被大量抖音普通用户浏览、点赞和再次传播，同时也引发了更多的用户想去重庆同一个地点拍一段类似的抖音视频。

多方共同创造让数据像活的细胞，原先数据通过某种活动能生出新的数据，汇聚出更多的数据。例如，用户在爱彼迎平台上分享图文并茂的故事，是不同旅行者在不同地点和不同房东共同发生的事情。房东发布房源的照片和介绍，旅行者看到信息会留言或在线沟通，当旅行完成后，旅行者会将体会和感想发到网站。

多方共同创造意味着用户变成了主角，而不只是被观察和研究的对象，用户可以根据个人喜好和个性化需求来做出自己的决策而不是被动接受安排，用户在使用数据的过程中通过与其他用户的互动创造数据的新价值。以百度地图为例，用户在百度地图中可以上报实时路况，包括交通事故、当前车流量情况等。这些实时交通路况信息直接反映到地图中，可以被其他用户查看。当足够多的用户主动提供内容，那么百度地图的"科技让出行更简单"的愿景就可以共创实现。

值得说明的是，这里说的多方共同创造和协同创造不同。多方共同创造是指服务接触中的共同创造。在服务接触中，既有数据产品消费者和生产者之间基于角色扮演的双向互动，也包括数据产品消费者和实体环境、服务设施乃至其他消费者之间的互动。协同创造也称为参与式设计，是指没有受过专业设计训练的人与设计师协同合作完成某项设计任务[16]。协同创造是一种合作式的协同探究和想象的过程。所有参与者带着各自的经历背景，从不同的视角共同去探索和定义问题，成员的兴趣和经验的差异越大，越能激发出更有创造性的解决方案，然后一起测试每个方案的可行性。在该过程中，参与者不仅可以从外在世界进入内在世界，聚集知识和共同学习，保持好奇心去共同探究，而且可以从内在世界进入外在世界，通过想象创造带来积极的改变，创造新的价值[17]。

5.3.3 使能数据平台

使能数据平台应该是多方共同创造的场所，为用户提供表演、互动、感知、感受、响应和反思的各种可能性。该场所可能包括物理环境和设备，也可能包括不同时空的网络虚拟社区。

使能数据平台要通过创建必要的基础能力和条件让价值共创成为可能，包括创造机会让用户一起参与设计过程，创造机会让用户共同探索新方案，创造机会让用户参与到数据产品或服务的生产决策中来。该平台具备连接、服务和框架三个方面的能力。

1. 连接

使能数据平台打破行业边界，提供多边多向连接的环境，形成产业链和价值链的多方跨界聚合。例如，蚂蚁金服数据平台连接 200 多家金融机构，天猫电子商务平台连接全球范围内的买家和卖家，优步约车服务平台连接各行业的驾驶人和乘客，以及优兔视频分享平台连接视频创作者和观众。

2. 服务

类似地球提供水、土壤和空气一样，使能数据平台提供一站式基本服务能力，生产者和消费者借助平台基础设施进行互动，相互交换价值，实现生态系统服务能力持续提升的良性循环。例如，抖音短视频平台提供诸如视频特效处理、内容上传和转发、互动关注和点赞等基础能力，使普通大众用户有条件和能力在抖音短视频平台上录制、制作和发布自己的视频内容，而且支持用户看到自己喜欢的视频可以随手点赞，给直播视频内容送花等操作，也可以直接将视频内容转发到其他互联网平台上。

3. 框架

使能数据平台为各利益相关方提供开放性的服务和利益共享机制，所有参与者必须遵循共同约定。例如，苹果应用商店（App Store）要求所有上架的应用软件必须遵循协议，数据可视化图表工具（ECharts）对接入的数据类型提供接口说明。框架同时也是平台或企业所倡导价值观的体现，如滴滴顺风车平台与优步约车平台的价值观就存在差异。

值得说明的是，这里用的词是使能，而不是赋能。赋能（Empower）的含义是赋予某些人有能力去完成某些事情（to Give Somebody the Power or Authority to do Something），即侧重提供能力。使能（Enable）的含义是通过创建必要的条件使某些人有可能去做某些事情或者使某些事情有可能发生（to Make it Possible for Somebody to do Something），即通过设计创造机会点，让用户有可能完成某些事情。例如，一段视频通过抖音短视频平台可以被上千万人收看和转发，并不是因为某位设计师帮忙推送，而是设计师为上千万用户创造可以参与转发的机会。

5.3.4 价值共创案例

全球最大的开发者社区 GitHub 平台（https：//github.com）是数据产品价值共创的经典案例，如图 5 - 1 所示。

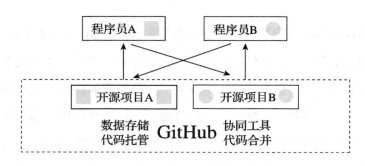

图 5 - 1 开发者社区的价值共创

开发者社区是数据服务提供商给程序员提供一个方便相互协同共创开源项目的公共空间。在开发者社区上不同程序员可以在线讨论、共享经验和合作开发代码等。开源项目是程序员通过开发者社区所共创出来的数据产品。这些数据产品作为 GitHub 平台战略价值共创的组成部分，无疑是成功的。2018 年 6 月该平台被微软以 75 亿美元高价收购。微软的首席执行官萨蒂亚·纳德拉（Satya Nadella）在官方博客中提到：收购该平台是为了更好地向开发者赋能，微软通过收购将直接接触到 2000 多万开发者，可以知道他们在关注什么。

开发者社区 GitHub 平台从使能数据平台、用户生成内容和多方共同创造等三个方面做了实践应用。

1. 使能数据平台

GitHub 平台是开源项目的加工场所，其本身是一个数据采集、处理和应用的平台，不仅提供整个项目的文档和代码的托管存储空间，而且可以对项目进行程序分支代码合并，方便共同协作编写规模更大的代码。该平台采用先进的去中心化分散治理模式，不仅有一套内联外通的分布式数据处理机制，使代码开发的过程产物通过众多应用开放接口可以和大多数管理服务进行整合，而且引入了社交功能，全球各地的程序员都可以参与不同的开源项目，为开源项目添加自己写的代码，给开源项目创建事件，写上特性需求或者报告异常，其他成员都可以做出回应。

2. 用户生成内容

GitHub 平台使用先进的分布式软件架构，全球各地的软件开发工程师都可以快速接入，而且其界面简单易用，降低了使用门槛，没有软件开发经验的人也能通过该平台的记录、发布和版本追踪等功能进入开源圈共同撰写程序。该平台让开发者在互动体验社区的体验过程中能够感知到自身存在的价值和意义。其一，该平台为开发者个人贴上了"成就感"意义标签，因为这里已经成为开发者讨论、开发与分享程序代码最活跃的场所，甚至已经成为开发者值得骄傲的履历。如果能做出很多人使用的开源项目，就可以快速增加全球的知名度，甚至增加和各国开发者讨论与互动的机会。其二，该平台为参与企业贴上了"自由开放"意义标签。例如，谷歌和微软的团队都放弃了自家的开发平台，转移到该平台上开发，以争取社群的支援。

097

3. 多方共同创造

目前该平台上汇集了来自 200 多个国家的 2700 万名程序员，托管了 8000 万个代码库。GitHub 平台上的主要用户是程序员，他们因程序代码聚在一起，如身在瑞典的某位程序员将某个开源项目提交到代码托管平台上，身在中国的某位程序员长期从事该开源项目的相关代码开发，身在美国的另外一位程序员也关心该开源代码，于是该平台通过匹配算法将该开源项目推荐给这两位程序员，这两位程序员在该平台上使用平台提供的代码合并工具、代码存储库以及协同沟通工具等，完成各自的程序模块开发后合并到该开源项目的总体代码中。该总体代码可以被这几位程序员以及其他关心该项目的其他程序员下载使用。该平台能够被广泛接受和使用的原因有两个：其一，代码开源泛指任何人都可以查看、使用和修改源代码，是个全球化的社会趋势，企业使用了开源项目，就能一直跟上世界最新的进展，让产品更具有竞争力，越来越多的企业拥抱开源项目；其二，该平台开启了全新的商业模式，去中心化分散治理模式能降低管理成本，不仅可以帮助开发者简化流程，而且可以为新开发人员找到新技能的方法。以用户为中心去搭建数据平台是用户量持续增长的原因，当用户要封闭开源程序代码时，就需要向代码托管平台付费。

5.4　数据与体验的关系

数据与体验之间的关系是交融状态。从数据角度来说，数据可以作为辅助工具来提升产品的用户体验，数据也可以构建一段有意义的人生体验。从体验角度来说，体验可以作为数据产品的设计准则，体验也可以成为数据产品的设计对象。

5.4.1　数据提升用户体验

数据在提升产品的用户体验方面可以发挥重要作用。在国际标准 ISO 9241 － 210—2010 中，用户体验是指人们对于使用或期望使用的产品、系统或者服务的认知印象和回应，包括情感、信仰、喜好、认知印象、生理和心理反应、行为和成就等各个方面[18]。在用户使用产品的交互过程中，用户会和产品的内涵语义产生情感上的交流，产品的外在影响也是在互动操作中得到充分体现的。

以美团点评应用为例，若用户所在地是武汉，搜索"黄鹤楼"，查询结果是黄鹤楼的景点门票；若用户所在地是北京，搜索"黄鹤楼"，查询结果是名字叫作"黄鹤楼"的饭店。这个精准搜索提升了用户的操作体验，得益于用户的地理位置数据。因为美团点评系统不仅会处理传统语义下的匹配数据，而且会关联用户位置数据进行有针对性的分析。

又例如，传音手机（Tecno）在非洲的销售量超过一亿台，遥遥领先于苹果等品牌的手机。该手机有个亮点功能就是可以帮助非洲消费者拍出满意的照片。根据非洲人的面部轮廓和肤色特点，通过眼睛和白色牙齿来定位脸部关键位置，使手机摄像头可以准确对焦；通过对面部曝光进行加强处理，加大曝光量，使照片中的面部看起来更有立体感；通过对成像技术进行多重分析调整，使拍摄出来的黑色皮肤接近巧克力色。将脸部成像数据处理和增强非洲人手机拍照效果的应用联动起来，使得传音手机具有显著的差异化市场定位。

用户体验专家组织（UXPA）在《互联网时代的用户体验实践——理想和现实的差距》行业观察报告中显示，接近七成的受访者提及产品运营中数据驱动设计的重要性。该调研报告中可以清楚地看出产品运营对数据的依赖程度非常高，一方面，通过数据实现产品与用户的互动，将有效帮助设计师了解用户习惯，可以更精确地创造出符合用户需求的产品；另一方面，为了每次产品研发迭代得更好，需要收集用户对上一个设计版本的反馈意见，通过用户的行为日志可以还原用户的在线访问路径，发现用户交易过程中引发用户困惑的具体页面。

行为类数据和反馈类数据与用户的体验直接相关，描述的是一段时间内的用户行为和感受，可以客观反映用户的实际需求，能够反映出用户的消费倾向、喜好和困惑等真实情感，所以这两类数据蕴含巨大的价值。依靠传统的市场调查和分析方法是没有办法定位到每个人的需求和感知的，而这一点在数据经济时代却可以做到。通过用户数据路径的全程记录与分析，每个人都在互联网上保存了自己的数据资产，每个人都可以被定位、被区分、被连接。市场上已经有一些数据服务商专门帮助企业采集这些数据，如 Medallia 用户体验管理系统（https：//www. medallia. com）。

5.4.2 数据助力体验设计

体验设计是将体验或经历作为设计对象[19]，被设计的是特定人群在特定场景的一段特殊经历（Experience）。体验设计关注用户在特定目标引导下通过一系列有意义的事件实现个人的成长经历。

因为设计师无法了解用户的所有生活细节，所以很难凭空去创造意义。设计师可以做的是，通过体验过程的设计，去唤醒作为当事人的用户压在心底想要的意义。人们对世界的体验主要来自和世界的互动，是一种存在于人类、人类物质世界和他人这三者之间的互动实践。这种互动会产生出不同的观点和有意义的行为，并对有意义的诠释循环做出回应[20]。用户参与到有助于提升竞争优势的品牌建设或产品优化中的协同创造方式可以一起创造出新的价值[21]。

如同戏剧表演中的布景需要烘托出喜剧或悲剧的氛围，数据运行环境与载体需

099

要综合社会、经济、技术和意义等因素的影响，可以为数据消费者创造出令人难忘的体验效果。例如，苹果公司采用云计算技术将 iPad、iMac 和 iPhone 多个终端的数据共享起来，给用户带来可随时随地办公的体验。

5.4.3　体验作为设计准则

人们的心理状态和外界情况之间存在数个鸿沟，每个鸿沟都反映出人内心对外界的解释与外界实际状态这两者之间的差异，这种差异需要通过不断可交互的反馈机制来解决[22]。

无论是被动地感知还是主动去体验，用户对数据产品所传递的内容都会产生误解。将体验作为数据产品的设计准则，是解决该问题的办法，在这方面，许多学者提出了用户体验设计方法论。例如，有的学者不仅给出用户体验的设计要素，而且提出了用户对品牌特征、内容性、功能性和信息可用性等多方面的体验设计方法[23]；有的学者提出移情设计（Empathic Design）方法来提升用户体验水平[24]。通过有目的、有计划和有步骤的实践活动，体验本身拥有的能让人产生满足感的情感，将得以内化升华和释放呈现[25]。产品的用户体验是指消费者在使用产品过程中的直观感受，包括人机交互和情感两个要素[26]。

产品的实际用途并不是由该产品功能的设计初衷所决定的，而是由用户的理解、听取别人对该产品的描述和旁观者对它的评价来决定的。数据产品不是简单功能的载体，而是整套服务或解决方案。数据产品的形式是整体的、全方位的，设计师不应只考虑产品功能本身。

所有体验都是人与其所处环境相互作用的结果，体验不只是简单的环境感知和行为互动，人的行为过程和结果也必须被感知和感受，从而形成有情感、有意义和值得记忆的经历。认知能力、行为过程和环境因素都可能影响体验的质量。当人们满足了物质层面的需求，关注点就会开始从产品的功能本身转移到使用产品时的心理和精神层面的追求。而且无论是通过小作坊生产还是批量化生产，产品的用户体验将成为价格差异化的关键影响因素。

虽然提升数据产品的用户体验，企业需要花费更多的资金，但是这些投入可以使产品能够让用户感知到数据所带来的价值，能够和用户的个人目标和愿望相联系，所以从长远的可持续角度看，随着产品与用户之间黏性的持续上升，用户对品牌的忠诚度将给企业带来不可估量的回报。根据客户关系管理方案提供商 RightNowTech-nologies 所发布的《2010 年北美客户体验报告》显示，85% 的受访消费者愿意为他们所获得的优越体验付出高于标准产品或服务本身价格的费用[27]。

5.4.4　体验作为设计对象

数据产品或服务是一个综合了多种物质基础、多样化的非物质条件和复杂社会互动的多元产品。用户除了基本心理预期要求外，还希望有超出预期之外的惊喜，也可能是充满不确定性的社会互动。体验接触中人和数据之间的互动行为是不确定的，正如演员在每次使用道具时，都会有差别。例如，满怀期待的数据消费者上传一段视频可能会因为管理员的删帖而被彻底打击积极性，从而产生意料之外的投诉行为。这种不确定性为数据产品价值的差异化和个性化提供了无限的可能，数据产品的魅力也源自这里。同时也意味着数据产品的设计任务是去构架数据与人之间恰当的互动关系，而不是去完整策划或标准化每一个体验接触的细节。

能否唤醒存在于数据消费者内心的意义，让他们在参与过程中感知到数据价值成为衡量数据产品设计优劣的标准之一。用户主动去体验的方式可以更容易产生业务模式创新。要想更好地提升数据产品消费者的主动体验，需要将体验本身作为设计对象。

辛向阳教授提出了体验的 EEI 设计模型，主要围绕特定的某个体验的三个环节展开：预期（Expectation）、事件（Event）和影响（Influence）。这些环节可以用来指导产品体验的设计以及对产品体验进行评测[19]。将体验作为设计的对象，实质上是把用户视为完整的人[28]。体验设计是从用户的动态消费过程去看待设计活动本身，把用户的参与真正融入设计中，用户的角色由设计结果的被动接受者转变为设计活动的主要参与者，设计目标指向了用户的心理、情感和精神领域[29]。

一个有意义的体验需要从三个方面去塑造：用户能感知的触点数、体验过程的持续时间，以及与用户互动的密切程度[30]。体验是企业以服务为舞台，以产品为道

101

具，围绕用户创造出的值得回忆的活动，体验本身是一种可买卖的经济产物[31]。例如，迪士尼将自己的员工看作演员，将游客看作一起参与一系列尚未展开故事的参演人员。对每一位游客来说，流连忘返的消闲过程是在参与一个具有完整的视觉、声觉、味觉、嗅觉和触觉的演出，在此过程中创造一种无与伦比的体验[32]。例如，星巴克从最初卖原料咖啡豆到咖啡粉，再从提供喝咖啡的空间环境和服务到提供可以体验到烘焙与艺术化的冲煮过程。以2017年开业的星巴克上海旗舰店为例，该店提供咖啡烘焙、生产、包装和煮制为一体的全沉浸式咖啡体验，顾客进入店面就仿佛置身于科幻电影场景中，可以参与到咖啡豆的烘焙与艺术化冲煮的过程中，在这里喝的不是咖啡本身，而是去享受喝咖啡的体验过程。

　　从数据产品的伦理角度说，所有数据消费者带着各自的不同背景，以体验的方式和数据产品产生互动，不仅可以聚集知识和共同学习，而且可以共同通过想象创造反过来创造出新的数据价值。这种方式能够促进参与者共同反思各自的行为和经验，进而能够提升自己和他人境况的过程，是杜威推崇的"社会向善动机观"[33]。

参 考 文 献

［1］ BUCHANAN R. Design on New Ground：The Turn to Action，Services，and Management［M］. London：Bloomsbury，2016.

［2］ 车品觉. 决战大数据：驾驭未来商业的利器［M］. 杭州：浙江人民出版社，2018.

［3］ 张铭洪，陈蓉. 数字产品定价策略［J］. 商业时代，2002（7）：88 - 89.

［4］ 杜江萍，薛智韵，高平. 数字产品免费价格策略探析［J］. 企业经济，2005（5）：61 - 63.

［5］ 范翠玲. 数字信息商品定价策略探讨［J］. 情报理论与实践，2006，29（2）：172 - 174.

［6］ 江舫. 比特产品定价研究［D］. 北京：北京邮电大学，2010.

［7］ 朱珠. 比特产品的需求与供给研究［D］. 北京：北京邮电大学，2013.

［8］ BUCHANAN R. Human Dignity and Human Rights：Thoughts on the Principles of Human-Centered Design［J］. Design Issues，2001，17（3）：35 - 39.

［9］ PAPANEK V. Design for the Real World：Human Ecology and Social Change［M］. Chicago：Academy Chicago Publishers，2005：394.

［10］ 王赓. VR 虚拟现实：重构用户体验与商业新生态［M］. 北京：人民邮电出版社，2016.

［11］ DUBEY R，GUNASEKARAN A，CHILDE S J. The Impact of Big Data on World-class Sustainable Manufacturing［J］. International Journal of Advanced Manufacturing Technology，2016，84（1）：631 - 645.

［12］ SMITH H J，DINEV T，XU H. Information Privacy Research：An Interdisciplinary Review［J］. MIS Quarterly，2011，35（4）：989 - 1016.

［13］ 康晋颖. 论英国个人数据保护制度［D］. 北京：对外经济贸易大学，2005.

［14］ Federal Trade Commission. Google Will Pay $22. 5 Million to Settle FTC Charges it Misrepresented Privacy Assurances to Users of Apple's Safari Internet Browser［EB/OL］. ［2012 - 08 - 09］. https：//www. ftc. gov/news-events/press-releases/2012/08/google-will-pay - 225 - million-settle-ftc-charges-it-misrepresented.

［15］ 王坚. 在线［M］. 北京：中信出版集团，2016.

［16］ SANDERS E B-N，PIETER Jan Stappers. Co-creation and the New landscapes of Design［J］. Codesign，2008，4（1）：5 - 18.

［17］ 王晰. 医疗共享决策中的知识可视化设计研究 ［D］. 无锡：江南大学，2018.

［18］ ISO 9241 – 210. Ergonomics of Human-system Interaction—Human-centred Design for Interactive Systems ［S］. ISO, 2010.

［19］ 辛向阳. 从用户体验到体验设计 ［J］. 包装工程，2019，40（8）：60 – 67.

［20］ KRIPPENDORFF K. The Semantic Turn：A New Foundation for Design ［M］. Boca Raton：CRC Press, 2005.

［21］ PRAHALAD C K, RAMASWAMY V. Co-creation Experiences：The Next Practice in Value Creation ［J］. Journal of Interactive Marketing, 2004, 18（3）：5 – 14.

［22］ NORMAN D A. The Psychology of Everyday Things ［M］. New York：Basic Books Inc, 1988.

［23］ Garrett J J. The Elements of User Experience：User-centered Design for the web and Beyond ［M］. Berkeley：New Riders, 2002.

［24］ KOSKINEN I, MATTELMAKI T, BATTARBEE K. Empathic Design：User Experience in Product Design ［M］. Helsinki：IT Press, 2003.

［25］ DEWEY J. Having AnExperience ［J］. Art as Experience, 2005：39 – 40.

［26］ 辛向阳，曹建中. 设计 3.0 语境下产品的属性研究 ［J］. 机械设计，2015，32（6）：105 – 108.

［27］ RIGHTNOW. Customer Experience Report：North America 2010 ［R］. Rightnow, 2010.

［28］ 韩吉安. 论体验设计的本质 ［J］. 艺术百家，2015（6）：228 – 230.

［29］ 左铁峰. 论体验经济条件下的产品体验设计 ［J］. 装饰，2004（10）：12 – 13.

［30］ DILLER S, SHEDROFF N, RHEA D. Making Meaning：How Successful Businesses Deliver Meaningful Customer Experiences ［M］. Berkeley：New Riders, 2005.

［31］ PINE II B J, GILMORE J H. Welcome to the Experience Economy ［J］. Harvard Business Review, 1998, 76（4）：97 – 105.

［32］ RIFKIN J. The End of Work ［M］. London：Penguin Press, 1995.

［33］ HILDEBRAND D. Dewey：A Beginner's Guide ［M］. London：Oneworld Publications, 2008.

第 6 章
数据升级加工

众所周知，数据有巨大的潜在价值，但是现在的问题是：假如您拥有稀缺的数据源，那么该如何去考虑将其价值最大化？

6.1　数据价值移向右上角

　　数据能够产生多大的实际价值，受到三个维度的共同作用：数据的价值层次、价值效能和价值感知。这三个维度可以构建出数据产品化的价值矩阵。价值矩阵的横轴是价值效能维度，纵轴是价值层次维度，立轴是价值感知维度，如图 6 - 1 所示。

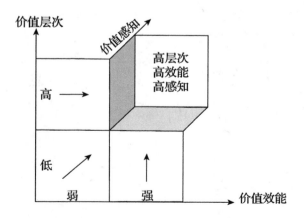

图 6 - 1　数据产品化的价值矩阵

　　值得一提的是，提升数据的价值感知有前提要求，那就是数据的价值效能和价值层次需要达到一定的水平。假如某个数据加工品的价值层次和价值效能都偏低弱，那么这时价值感知的提升效果不明显，因为此时数据和用户之间还没有足够的基础去实现良好的互动体验。先解决温饱问题，达到小康之后就去谈实现富裕会更合适些。同理，当数据加工品在价值效能和价值层次维度都做得比较好时，此时加强价值感知的效果会比较明显。所以在图 6 - 1 中，只在右上角突出价值感知的维度。

　　数据产品化价值矩阵中立体突出的右上角位置是"高层次、高效能、高感知"的数据加工品，该位置可以实现数据价值最大化。这是数据加工的理想目标，称为"数据价值移向右上角"。

6.2　数据价值的三个侧重

　　点、线、面三个层次的数据加工有各自的价值侧重点。点层次的数据加工主要侧重"还原和表达问题"，通过数据来描述客观世界或表达主观情感；线层次的数据加工主要侧重"发现和解决问题"，包括通过数据验证假设找出真相、预测未来可能发生以及定点解决已知问题；面层次的数据加工主要侧重"重新再定义问题"，推动社会进步。

　　数据的价值侧重、数据的加工层次与数据价值高低之间的关系，如图 6 - 2 所示。可以看出，从"还原和表达问题"到"重新再定义问题"，数据价值层次之间是从低到高的递进关系。

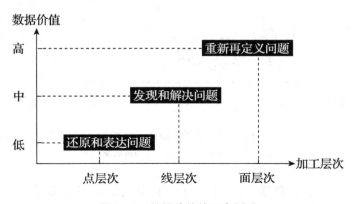

图 6 - 2　数据价值的三个侧重

6.2.1 还原和表达问题

"数"的概念产生于远古时期的原始狩猎和野果采集过程中，特别是在食物分配的活动实践中，原始人逐渐认识到不仅同类物品有数量上的差异，而且不同性质的物品之间在数量上也可以构成对应关系。这些共同特性被概括和提取，通过不断比较和应用，逐渐产生了数的认知[1]。"据"是客观事物所具有的能区别程度不同的属性和依据，如规模、等级、范围和程度等。世界各地由于历史文化和教育科技的发展差异，不同地域的计量方式多种多样，如十六进制、十进制、六十进制和二进制等，但为了交流和共享的需要，通过国际合作，计量单位也逐步统一，如通过每四年召开一次国际计量大会来制定全球通用的单位及其派生单位。"数"和"据"的结合是数据诞生的基础，为人们描述、记录和还原再现人工物提供可能性[2]。

例如，辛向阳教授查阅四千多年的中国朝代相关历史数据，用横轴代表时间，纵轴代表综合国力，将社会稳定、经济状态、科技实力、观念发展和疆域面积等作为考量标准，绘制出各朝代的综合国力曲线变化图，将中国历代兴衰史直观地还原和呈现出来，如图6-3所示。

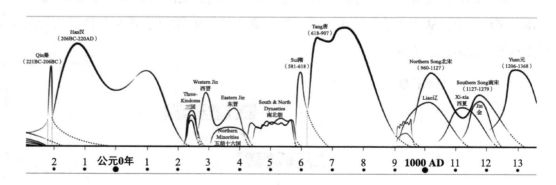

图6-3 数据还原历代兴衰史

图片来源：http：//www.xxyinnovation.com

类似语言和文字，数据是人们进行沟通交流的工具和媒介，也是人类社会发展到一定阶段的必然人工产物。数据是一系列与人有关的痕迹，是描述世界变化的载体，假如能采集到完整齐全的数据，那么数据能够真实反映现实世界。任何虚拟网络模型都是对现实社会的抽象，而且能够真实地反映现实的各个方面[3]。

　　例如，饿了么基于 2018 年 5 月 19 日至 2019 年 5 月 19 日期间的外卖大数据，统计分析一所大学的学生向另一所大学的异性学生点外卖的次数，制成全国各大高校恋爱关系图谱，如图 6-4 所示。

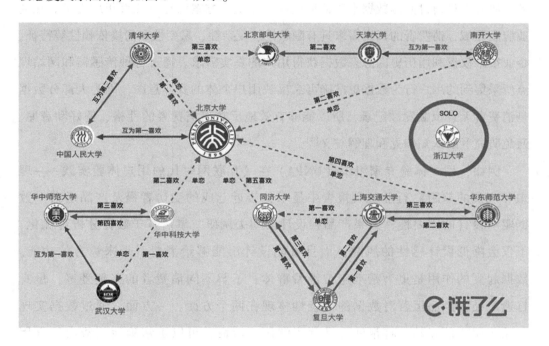

图 6-4　高校之间的外卖点餐

图片来源：http://blog.sina.com.cn/s/blog_ 61ff32de0102zgth.html

　　这个案例是通过外卖点餐数据来还原和表达高校之间的恋爱关系。虽然不能完全反映真实情况，但是从数据本身还是可以看出许多状况。可以看到北京地区几个高校的"三角恋"，如清华大学的跨校学生外卖中，送给北京大学的最多，而北京大学的跨校学生外卖中，送给中国人民大学的最多。北京大学和中国人民大学两校学生给对方点外卖的次数均居各自学校第一，这两所高校才是真爱。

6.2.2 发现和解决问题

1. 验证假设找出真相

人们在探索问题真相的过程中，面对未知问题会提出假设，通过数据的关联性分析去验证假设，从中发现问题发生的规律，直到问题真相被发现。在自然科学领域，研究人员通过监测数据来验证理论假设和试验方案已经有几百年历史了。在商业应用领域，消费者的真实需求具有隐蔽性、复杂性、易变性和情境依赖性等特征，企业很难仅仅利用历史的静态数据获得用户的真实需求。通过各种传感器和网站埋点所采集到的用户行为数据更准确可靠反映用户个体的真实意图，因为大部分数据是消费者无意识触发被记录，所以能够有效地反映出消费者的性格、偏好和意愿，避免研究者的认知偏见和理解歧义[4]。

例如，用户体验专家组织（UXPA）在《互联网时代的用户体验实践——理想和现实的差距》行业观察报告中显示，接近七成的受访者提及产品运营中数据驱动设计的重要性，如果产品在设计前期去调研，事后基于数据分析再优化，不仅会降低设计感性的风险，而且可能设计出能够给消费者带来惊喜的功能。数据起到的作用是更为精准定位消费群体，了解不同消费者的兴趣爱好，量身打造产品。产品运营对数据的依赖性体现在两个方面：一方面，通过数据实现产品与用户的互动，将帮助设计师了解用户习惯，可以更精确地创造出符合用户需求的产品；另一方面，为了每次产品研发迭代得更好，需要收集用户对上一个设计版本的反馈意见，通过查看用户的在线行为日志，可以发现用户交易过程中引发用户困惑的具体页面。

2. 预测未来可能发生

人类的能力伴随着数据量的增加而不断提升，以前做不到的任务现在可以实现，数据的价值在于影响了人们的决策方法[5]。当数据量积累到一定时，数据可以预测事物的发展趋势。数据可以让你看到你不知道的问题，会帮你抢先时间预知未来的发生[6]。

例如，沃尔玛超市（Walmart）通过分析过去交易中的庞大数据，知道哪些顾客喜欢在哪个时段实际上花了多少钱购买了哪些东西等，然后制定销售策略，如在飓风来临之前，超市门店前放置手电筒和某种馅饼，对促进总体销售会有帮助作用[7]。

又例如，谷歌搜索采用大数据处理技术对一段时间内的用户搜索关键词进行分析处理，包括分析数十亿搜索中几十个与流感相关的关键词，对比 5000 万个词条的搜索率和已知流感发病率等，能够比美国疾控中心提前两周预报流感发病率和分布趋势[8]。

3. 定点解决已知问题

数据是事物客观性和人类主观性的纽带，也是人类认识世界的桥梁。数据可以直接作为人们解决具体问题的参考依据。

例如，亚马逊网上书店根据用户在网站上的浏览和购买产生的行为和爱好数据，对不同消费群体进行用户画像，进而推送个性化广告促进图书销售[9]。

又例如，京东提出基于多层注意力机制循环神经网络的通用解决方案[10]，通过大数据平台来解决城市里面的空气污染、交通堵塞和能源消耗等问题，为政府的城市建设和资料调配提供决策依据。

又例如，中科院植物所的拍照识花服务，首先采集了世界上百万幅各类花卉和植物的图片，通过技术手段将这些植物照片中叶片的纹理结构等花卉和植物的关键特征提取出来，鉴定分类后建立花卉特征数据库。当用户遇到不熟悉的花卉，可以随手拍照，然后上传到平台，与花卉特征数据库进行比对检查，最后返回识别结果给用户。

6.2.3　重新再定义问题

人们面临着两类问题：确定性和不确定性。在自然科学领域，科学家和工程师们基本是在确定的环境中，使用确定的要素，针对确定的需求去找到合理的解决方案[11]。而在人文社科领域，由于世事反复无常而非线性，人们更多要面临解决不确定性问题，初始的时候没有办法采用物理化学等推演方式找到最优的解决方案。同样的方法被不同的用户运用，因为各种因素叠加相互作用发生影响，结果会得出不同的解决结论。这类诡异问题（Wicked Problems）无法被确切描述，只有通过解决或部分解决才能被明确定义[12]。

数据是非物质形态，虽然数据价值的存在和流通需要附加在物质载体上，但是独立于物质载体，不具备如外观、尺寸和材质等物质特征[13]。数据在被使用的过程中，内容不会损耗减少，不像实物产品在消费中以自身的消耗和磨损作为代价[14]。数据这两个特征有利于人们使用数据去定义人文社科领域中的不确定问题，因为数据为人们提供了试错机会，允许边实践边验证，不断调优，每个尝试都可以采用不同方法，每个探索都在部分解决问题，从简单问题到复杂问题，最后从因果分析转变到关联分析[15]，最终寻找到更好的解决办法。

例如，脸书（Facebook）内部的数据科学小组开展了很多研究活动，致力于从海量人类社会行为数据中寻找到可被广泛应用的模式，以推动人类对自身行为的认识进程[16]。

6.3　数据产品的三个形态

数据产品的形态可以分为三个类别：初原自然的形态（Natural State）、具象实效的形态（Specific Application）和通用普适的形态（General Pattern），如图 6 - 5 所示。

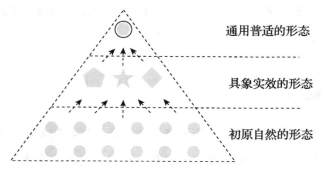

图 6 - 5　数据的三种产品形态

恰如金字塔结构，金字塔基座的两排黑圆点，表示存在大量初原自然形态的数据产品；金字塔中间的五角形、星形和菱形，表示较多具象实效形态的数据产品；处在金字塔尖的一个黑圆点，表示只有极少量经过抽象后成为通用普适的数据产品。

值得一提的是：数据产品形态的分类与数据量大小无关，也与数据加工难度无关，关注点主要在于数据加工的深度。例如，同一份房地产的数据，假如只是房地产销售记录的原始数据，那么这份数据加工品是初原自然状态；假如经过进一步加工后可以给房地产公司的中层领导作为具体某个房地产的招商策略依据，那么这份数据加工品是具象实效状态；假如这些数据通过与其他数据关联分析，经过深度加工后可以作为房地产高层领导战略判断应该继续投资房地产还是应该多元化投资，那么这份数据加工品是通用普适状态。

6.3.1　初原自然的形态

数据进行加工后，假如仍然能够不带任何情感，最大限度保留了源数据本身的客观属性，保持普遍性本体，具有无数可能应用，那么说明这些数据加工品具有初原自然的形态。

例如，2019 年的"夏至"是 6 月 21 日，这是客观稳定不变的农历节气数据。厂家可以将这些农历节气数据加工制作成印制精美的纸质日历，也可以集成呈现到手机的电子日历中。不管是纸质日历还是电子日历，人们看到的"夏至"节气日期是固定不变的，说明这些节气数据的加工品具有初原自然的形态。因为不管是从事一线生产的农民，还是制定国家政策的领导人，他们读取到的节气数据是一样的，不会因人而异。

数据在加工过程中可能被美化修饰，呈现出不一样的产品形态，例如，农历数据的纸质产品形态和电子化产品形态，如图 6 - 6 所示。但是，初原自然的形态重点体现在保留了数据本身的客观属性。这三个基本的客观属性分别是实用性、普适性和精确性。

星期一	星期二	星期三	星期四	星期五	星期六	星期日
1 愚人节	**2** 儿童图书日	**3** 耶稣受难日	**4** 廿九	**5** 清明	**6** 初二	**7** 卫生日
8 初四	**9** 初五	**10** 初六	**11** 帕金森病日	**12** 初八	**13** 初九	**14** 初十
15 十一	**16** 十二	**17** 十三	**18** 十四	**19** 十五	**20** 谷雨	**21** 十七
22 地球日	**23** 读书日	**24** 二十	**25** 廿一	**26** 知识产权日	**27** 廿三	**28** 廿四
29 廿五	**30** 廿六					

图 6-6　农历数据的产品形态
图片来源：http://pic. baike. soso. com/p/20121121/20121121095918-1388319461. jpg

实用性，体现在数据能够给人们带来直接的影响作用。例如，假如知道了物体的长宽高数据，那么我们就能够判断是否挪得动；假如知道了天气的温度数据，那么我们就能够决定穿几件衣服。数据的实用性不仅体现在老百姓的衣食住行日常生活中，而且也体现在社会组织的管理中，具有明显的实用价值。例如，罗马帝国颁发的儒略历（Julius）能够反映出一年地球节气的变化，这些数据可以给国家的农业生产计划提供重要参考；又例如，各级政府机构需要丈量和记录土地数据，使这些土地会以更合理的价格卖给房地产开发商。

普适性，体现在世界各地的人们对数据传递的内容有共同认知。数据一直存在并影响着人类社会生活的各个方面，不仅用于描述事物，而且用于记录、分析和重现事物。世界各国文明的彼此交流促使原本区域普适的数据符号逐渐适用于全世界范围。就像英语成为世界通用语言一样，数据也可以是一种通用的交流符号。例如，阿拉伯数字是全球通用的数字表达方式，非洲人民和亚洲人民理解上是相同的；又例如 2，二进制适用于几乎所有计算机的数据运算。

精确性，体现在能够科学具体地表达出数据所承载的内容。数据意味着可被量化，可以相互比较，而不是模棱两可的表达，避免了双方交流上的误解。例如，说今天是 2019 年 6 月，那么就很清晰地表达出今天不是 2019 年 7 月，也不是 2018 年

6 月；又例如，股权协议书上写着他的股权占比是 51%，你的股权占比 49%，那么他比你的股权多 2 个百分点，可以很具体地做比较。

6.3.2 具象实效的形态

人们在工作和生活中会遇到各种具体问题，这些问题千差万别。假如数据加工品是能够解决特定群体特定问题的具体应用，那么这些数据产品应该是具象实效的形态。

例如，基于人们生理构造和行为习惯等数据，研制出高舒适度的人体工学椅子是具象实效形态的数据产品。该数据产品的载体椅子，是实际产生作用的数据加工品，能够帮助人们解决场景式的具体问题。通过人体工学数据计算后，该椅子的头部高度与用户颈椎自然贴合；椅垫和靠背的曲线和人的生理曲线相符，放松腰部肌肉，解除背脊椎骨的疲劳度，使椅子以最佳的工程结构让坐姿体验更舒适，如图6-7所示。

人体工学数据经过加工后已经产生了质的变化。人们只触摸到物质形态的椅子，已经看不到数据的影子。人们并不关心感性工学[17]（Kansei Engineering）中具体某个数据的精确性，只需关心这些数据应用后能否带来人性化坐姿的舒适效果。人们愿意支付更多的钱去购买工效椅子，多出来的费用实质是为看不见的数据产品买单。

115

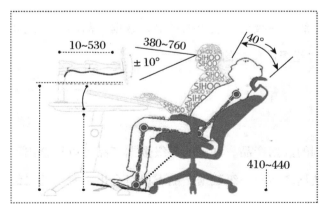

图 6-7　人体工学椅子效果图

图片来源：http://www.gavee100.com

6.3.3　通用普适的形态

从众多解决具体问题的数据产品中找出共同点，抽象成能够被更广泛人群使用的、在多样场景下都可以适用的数据加工品，那么这类数据产品应该是通用普适的形态。

值得一提的是：不能因为某数据产品被广泛使用，就说该数据产品是通用普适形态，如农历日历被广泛使用，但是该数据产品是初原自然的形态，而不是通用普适的形态。

例如，芝麻信用是具有普适性的数据加工品。芝麻信用是在精准营销、理财产品、城市服务、风险评估和社交媒体等场景式的数据应用的基础上开发出来的多样场景下都适用的数据产品。以前这些场景式的数据产品通常用于做决策判断和解决工作上的盲点，现在更多用在了商业创新[18]。芝麻信用适用于几乎所有互联网化的消费行为，适用于金融贷款、入住酒店、短期租房、租车出行、在线婚恋和共享单车等上百个场景，可以为用户和商户提供信用服务。

6.4　三个级别的递进升级

同一份数据，可以被加工为零级、一级或二级数据产品。数据产品的级别之间既是"高低包含"的关系，也是"逐级进化"的关系。

6.4.1　高低包含的关系

高级别的数据产品包含低级别的数据产品。许多的零级数据产品可以组合出不同的一级数据产品，许多的零级数据产品和一级数据产品可以组合出不一样的二级数据产品，如图 6-8 所示。

一级数据产品由多个零级数据产品共同组成。例如，品牌数据银行的营销策略是一级数据产品，该产品里面有许多转化率趋势图和用户特征画像，这些是零级数据产品。这也就是说，要生产一级数据产品，需要生产多个零级数据产品，这些零级数据产品组合在一起，才能形成能够解决特定人群特定问题的解决方案。

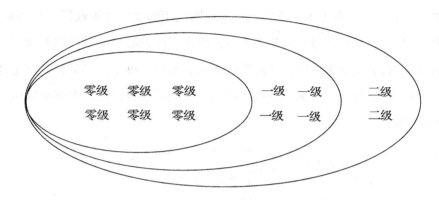

图 6 - 8　数据产品的高低包含关系

二级数据产品是在多个一级数据产品的基础上抽取提炼出共性而产生。二级数据产品需要建立在多个一级数据产品所营造的较广泛的用户需求和应用场景的基础上，量变才能产生质变，二级数据产品是各类人群在多样场景下都适用的普适性数据产品，会深刻影响特定行业，甚至会重新定义行业的游戏规则。例如芝麻信用分数是二级数据产品，出现该产品之前，银行业已经出现大量的通过数据进行金融风控的产品，如同盾科技（https：//www. tongdun. cn）为信贷机构提供整套信贷风控产品及服务，这些数据解决方案是一级数据产品。

以"位置数据"加工品为例，阐述一级数据产品——地图导航所包含的几个零级数据产品，即自动定位标志、用户标注位置和路线可视等。

众所周知，只要安装全球定位系统（GPS）信号接收芯片，就可以不断实时地获取到手机或车辆所在地的经纬度、高度、速度和时间等位置数据。这些位置数据依托仪器自动采集，具有精确、准确、有效和完备等客观质量，而且贴近老百姓生活，具有稳定、多样、实用、及时、安全和权威等数据的主观质量属性。这些优势非常有利于将位置数据加工成数据产品。

例如，百度公司将位置数据集成到百度地图应用中，用户可以直观地在百度地图应用中实时看到自己所处的准确位置，用户也可以在百度地图应用中标注自己所在位置的名字，用户也可以选择起点和终点找到一条最优的行车路线。这些都是零级数据产品。

如图 6-9 所示，百度无人驾驶在百度地图应用的诸多零级数据产品的基础上，面向用户出行提出具有针对性的解决方案，用户无须关心如何使用地图数据，也不需要知道哪些数据在发生作用，只需要告诉系统你想从哪里到哪里，剩下全部由数据来驱动自动导航驾驶。这是一级数据产品，但是要做到这些，内部必须包含多个零级数据产品。

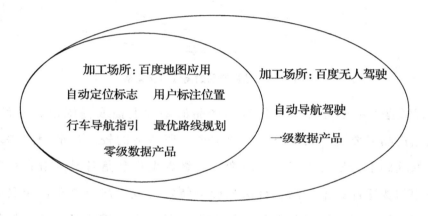

图 6-9　位置数据产品的高低包含

6.4.2　逐级进化的关系

数据产品级别从低到高的递进升级是"逐级进化"的逻辑，而不是"并列可选"的关系。同一份数据要先被加工成一级数据产品，然后再演进到二级数据产品。不可能跳过一级数据产品，就直接被加工成二级数据产品。

类似金字塔结构，级别越高，数据产品的数量越少。金字塔的基座是广泛存在的零级数据产品，市面上大多数数据加工品是零级数据产品，这些零级数据产品再组合成处于金字塔中间的一级数据产品，到了金字塔塔尖是极少数的二级数据产品，如图 6-10 所示。

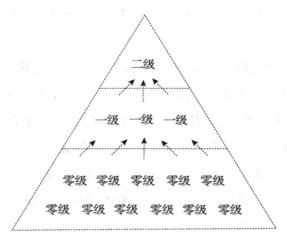

图 6 – 10　数据产品的逐级进化关系

　　下面以中国银联的"消费数据"作为加工原料，阐述这些数据的加工品如何从零级数据产品逐级进化到二级数据产品。

　　为了使各种自动柜员机（ATM）和销售点终端机（POS）能够受理不同银行发行的银行卡，向消费者提供方便、快捷和安全的金融服务，中国银联制定了统一的业务规范和技术标准要求，提供一种统一的识别标志。这种带有"银联（Union-Pay）"标志的银行卡也称为银联卡。不管是中国建设银行的储蓄卡还是招商银行的信用卡，凡是使用印制"银联"字样的银行卡进行消费，中国银联都有消费记录。这意味着，中国银联有条件采集到完整的全国所有标有"银联"卡标记的详细消费数据。这些消费数据被逐级进化加工，如图 6 – 11 所示。

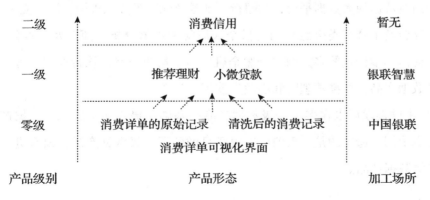

图 6 – 11　消费数据产品的逐级进化

1）中国银联可以将这些消费数据加工成零级数据产品，包括但不仅限于下面这些：

①消费详单的原始记录本身就是零级数据产品。中国银联通过各有银联标记的终端刷卡机记录用户的消费数据，无须特别加工，已经具有了价值。因为市面上的大数据解决方案公司需要这些消费记录的时候，可以向中国银联购买。

②清洗后的消费记录也是零级数据产品。中国银联对实时采集到的银联卡消费数据进行深度清洗和挖掘处理，经过处理后的数据不仅可以提供有价值的位置和轨迹洞察服务，而且可以标识出消费者的偏好特征和个人属性，如全国主要城市的核心商圈和品牌、城市居民驻留地、兴趣点和消费方式等。各行各业的大数据解决方案企业可以直接采购这些经过专业标准化处理后的数据，不需要招聘人员花时间再去重复清洗，只需要按查询条数向中国银联采购就可以快速提供整合方案。那么，与直接售卖源数据相比，清洗后的源数据可以卖出更高的价格。

③消费详单的可视化界面也是零级数据产品。中国银联将原始消费记录加工后在网页和手机客户端上以更好的体验方式呈现出来，比如，通过视觉化设计突出账户余额等数据，帮助用户直观地查阅到自己账户的消费记录。

2）中国银联可以在零级数据产品的基础上进一步将这些消费数据加工成一级数据产品。银联智惠公司（https：//www.unionpaysmart.com）是中国银联旗下的子公司，成立于2012年，依托中国银联在中国及海外的庞大数据资源，建立并不断完善基于消费数据的大数据平台，为银行、证券及保险等金融机构，以及支付、征信、消金、互金及小贷等类金融机构提供个人风险和价值分析、商户及行业发展分析、风控及征信模型构建等多方面"智慧金融"行业解决方案。该行业解决方案中有许多一级数据产品，如推荐理财和小微贷款等业务产品。

3）中国银联可以在多个一级数据产品的基础上提炼加工成二级数据产品，类似如芝麻信用。遗憾的是，目前中国银联只做到了一级数据产品，没有进一步递进做到二级数据产品。

参 考 文 献

［1］ 刘红，胡新和. 数据革命：从数到大数据的历史考察 ［J］. 自然辩证法通讯，2013，35 (6)：33 –39.

［2］ 郭奕玲，沈慧君. 物理学史 ［M］. 北京：清华大学出版社，1993.

［3］ BERNERS-LEE T, HALL W, HENDLER J. Creating a Science of the Web ［J］. Science, 2006, 313 (5788)：769 –771.

［4］ WATTS D J. A Twenty-first Century Science ［J］. Nature, 2007, 445 (2)：489.

［5］ 朱扬勇. 科技促进发展 ［J］. 企业经济，2014 (10)：61 –63.

［6］ 王坚. 在线 ［M］. 北京：中信出版集团，2016.

［7］ HAYS, C L. What Wal-Mart Knows About Customers' Habits ［N］. New York Times, 2004 –11 –14.

［8］ Google. Google Flu Trends ［EB/OL］. ［2008］. http：//www. google. org/flutrends.

［9］ LINDEN G, SMITH B, YORK J. Amazon. com Recommendations：Item-to-item Collaborative Filtering ［J］. IEEE Internet Computing, 2003, 7 (1)：76 –80.

［10］ LIANG Y, KE S, YI X. GeoMAN：Multi-level Attention Networks for Geo-sensory Time Series Prediction ［C］//Proceedings of the Twenty-Seventh International Joint Conference on Artificial Intelligence (IJCAI –18). 2018：3428 –3434.

［11］ BUCHANAN R. Wicked Problems in Design Thinking ［J］. Design Issues, 1992, 8 (2)：3 –20.

［12］ RITTEL H W J, WEBBER M M. Dilemmas in a General Theory of Planning ［J］. Policy Sciences, 1973 (4)：155 –169.

［13］ DATTA P P, CHRISTOPHER M G. Information Sharing and Coordination Mechanisms for Managing Uncertainty in Supply Chains：a Simulation Study ［J］. International Journal of Production Research, 2011, 49 (3)：765 –803.

［14］ HADJIMATHEOU G. Consumer Economics After Keynes：Theory and Evidence of the Consumption Function ［M］. New York：St Martin's Press, 1987.

［15］ MAYER-SCHONBERGER V, CUKIER K. Big Data：A Revolution That Will Transform How We Live, Work and Think ［M］. New York：John Murray Publishers Ltd. 2013.

[16] BOYARSKI D, BUTTER R, KRIPPENDORFF K. Design in the Age of Information：A Report to the National Science Foundation ［M］. Raleigh，NC：Design Research Laboratory, North Carolina State University, 1997.

[17] 毛子夏. 基于感性工学产品造型设计的理论分析研究 ［D］. 南京：南京航空航天大学，2007.

[18] 车品觉. 决战大数据：驾驭未来商业的利器 ［M］. 杭州：浙江人民出版社，2018.

Chapter Seven

第 7 章
数据产品化设计

　　赫伯特•西蒙（Herbert A. Simon）认为凡是致力于改善现有状况的系列行为和计划都可以称为设计[1]。人们可以使用该能力去构思（Conceiving）、规划（Planning）和生产（Making）产品，进而达成个体或集体的某种目的[2]。那么，数据产品化设计应该如何开展？前期构思应该从哪儿入手？中间加工过程会有哪些注意点？

　　前面 6 章已经分别构建并提出了数据价值最大化的方法和数据产品级别的递进路径，本章在此基础上提出数据产品化设计的流程，最后通过案例来具体说明。

7.1 数据产品的机会分析

市场机会分析是新产品开发的第一步。卡耐基·梅隆大学工程学院院长乔纳森·卡根（Jonathan Cagan）在《创造突破性产品 》（Creating Breakthrough Products）一书中提到：成功识别产品机会需要不断对"社会趋势、经济动力和先进技术"三个主要方面的因素进行综合分析研究，这是准确发现产品缺口，以及确保新产品研究方向具有前沿性的核心方法[3]。除了这三个共同点，数据产品的机会分析还需要考量数据产品给用户带来的意义因素。因为同样的数据产品带给人们感受到的实际价值和意义会因人而异，详细内容可以参阅第4章。

概括起来讲，在正式启动数据产品开发之前，数据产品的市场机会分析需要从社会（Social）、技术（Technology）、经济 （Economic）和意义（Meaning）四个因素去综合考量。将这四个单词的首字母合在一起，简称为 STEM 因素[4]，如图 7 - 1所示。

这四个因素相互影响、相互促进。以数据隐私为例，虽然数据隐私一直都很敏感，但是在工业革命之前不是很大的社会问题；后来由于社会的发展和技术的进步，数据隐私给人们造成的影响范围变大了，于是政府开始制定数据保

护法令。这些法律缓解了人们对个人隐私泄露的顾虑，在一定程度上也推进了
技术的放心发展。

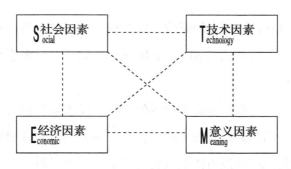

图 7 - 1　数据产品机会的影响因素

7.1.1　社会因素

社会因素是指对数据产品的加工产生影响的社会现象，集中于文化和社会生活
中人们在相互交往、相互影响的过程中产生的各种现象。

在政治与法律方面，以影响最大的欧盟 GDPR 条例正式生效为里程碑点，该条
例生效的第一天，谷歌和脸书就先后遭到了诉讼，被指控在未经用户同意的情况下，
收集了用户的政治观点、宗教信仰、种族和性别等敏感信息，因此面临上亿欧元的
巨额罚款。这类数据保护的官司纠纷将成为常态。

在工作与生活方面，越来越多的低头族已成为普遍的社会现象。人们利用生活
中的碎片时间在线阅读图书与杂志成为新的社会潮流趋势；人们在吃饭前习惯先对
食物进行拍照；人们在合影照相后再用美图秀秀等软件进行美颜处理；人们熟悉使
用微信语音和朋友圈进行在线交流；人们在社区楼角的水果摊前扫二维码付款。越
来越多的习惯行为已经演变成了社会的新文化现象。

在医疗与健康方面，以各地此起彼伏的马拉松运动比赛和遍布城市的大小
健身房为代表，人们越来越关注运动与健康，开始购买可以实时监控心率、配
速的运动手表等可穿戴装备，并将这些数据作为重要的功能指标。这些社会新
现象和数据应用紧密相关，相互促进，相互渗透，全方位地促使人们感知到数
据就在身边。

7.1.2　技术因素

技术因素是指直接或间接运用新技术给数据产品化带来的潜在能力和价值，包括增强现实（AR）、人工智能（AI）、虚拟现实（VR）、数字孪生（Digital Twin）、新材料和5G等技术。

增强现实技术模糊了虚拟和真实世界的边界。以苹果公司的一个车载增强现实导航系统专利为例，当车辆行驶在山路时，假如前方的道路会被山体挡住，那么该专利通过数据构建的三维虚拟山体模型会自动显示在风窗玻璃前面，让驾驶人可以提前预知到原本被遮挡的前方道路。

人工智能技术可以提升数据的加工处理能力。例如，阿尔法狗不仅可以在很短时间内快速学会3000万盘对弈棋谱，而且可以模拟人的思考分析模式。阿尔法狗通过惊人的数据加工处理能力计算出有胜算的最佳落子位置，打败多位世界围棋冠军。

虚拟现实技术可以让数据呈现更感性。例如，佩戴3D眼镜来体验IMAX电影已经比较普遍，观众在体验中感受到快乐。在虚拟世界中，所有动作、反馈和内容都被数据化，数据带来的多感官浸入、位置感以及方向感可以让人们觉得就像真的在驾驶汽车和飞机[5]。

数字孪生技术发挥数据在实物虚拟化方面的优势。例如，通用电气公司在发动机的涡轮叶片上安装传感器采集数据，可以还原出发动机在实际飞行过程中的实时状态，运维人员在办公室就能监测全球发动机的实时运行情况。

新材料技术让数据连接软件和硬件的操作体验更顺畅。例如，得益于电子墨水技术的进步和可弯曲屏幕新材料的发明，不仅让电子阅读方式更为人性化，而且促使了亚马逊电子书阅读器（Kindle）成了人们喜爱的电子图书的流行终端。

5G通信技术网络让数据的流动更实时和高速。例如，无人机和自动驾驶的车身上装载的摄像头等传感设备所采集到的大量数据需要足够的通信带宽实时传送，更重要的是需要在纳秒级的时间内快速传送给处理单元，以免发生意外情况，5G通信技术可以做到这点。

先进技术在数据产品开发和设计上的应用，需要关注技术产生价值的过程。某个技术从"被科学发现"到"被广泛使用"的整个过程依次分为六个阶段：自然科学基础发现、开始在实验室应用、产生某种技术发明、企业应用这些技术、不断推进技术成熟，以及技术被广泛使用[6]。先进技术被应用的时机越靠前，能发挥的价值越大。

7.1.3 经济因素

经济因素是指人们觉得自己拥有的或希望自己拥有的购买力，包括消费习惯、消费重点转移，以及可支配收入等。

腾讯的《零零后研究报告》显示，伴随移动互联网和在线社交媒体成长起来的零零后，不但拥有更大的财务自主权和决定权，更愿意为自己的兴趣付费，包括数字世界中的虚拟物品，如购买电子书籍、在线订阅报纸、杂志和博客等。根据《2013 年度中国网民游戏行为调查研究报告》显示，大部分手机网游用户月流量资费在 20 元内，收费网游存在大量额外消费，游戏币和装备消费量较大，如单靠卖王者荣耀游戏中的英雄皮肤，腾讯游戏一天就能入账超过一亿元。这些现象都说明人们的消费方式和消费重点正在发生转移。

在当前经济下行压力加大的背景下，网络购物狂欢节的汹涌客流和极为庞大的单日成交量显示了老百姓较强的消费意愿和较高的消费能力。电子商务需求的逆势"井喷"，透露出中国互联网经济的巨大潜力。"双十一"已成为中国电子商务行业的年度盛事，并且逐渐影响到国际电子商务行业。2016 年交易额达 1207 亿元，2017 年交易额达 1682 亿元，2018 年交易额达 2135 亿元。

除了微观层面的经济因素，还需要关注经济形势的宏观层面，如中美贸易战对依赖于进出口的制造业产生影响，经济下行压力带来社会性的消费降级现象等。

7.1.4 意义因素

意义因素是指产品对用户或所在的群体在心理和生理上的感受，以及可能造成的影响，包括成就、公平和愉悦等感觉。

用户对产品价值的认同，不仅仅体现在功能上的满足，而且还体现在对用户所期望的生活意义和目标的认同[7]。例如，随着社会、经济和技术的发展，大多数人对数据隐私心存顾虑，但是为了和家里子女保持联系，老年人也开始使用微信，甚至已经离不开微信了。

意义是用户从体验过程中的每个交互细节中感知，是否有意义或者意义大小跟当事人的经验背景有很大关系。由于生活经历、文化素质、民族习惯和兴趣取向的不同，人们对数据价值的认知也会不同。

数据产品要带给用户的意义，决定了该数据产品应该集成或使用哪些技术，尤其当数据加工品超出了普通用户的理解范畴时。例如，苹果 iPod 的成功，除了高品质无缝地集成了设备硬件和音乐内容，更重要的是带给用户诸如自由、控制、好奇和美好等某种感觉或意义，这些意义正是伴随着移动互联网成长的一代年轻人愿意付费的。在他们看来新颖、好玩很重要，关心的是该商品可以拉近和朋友之间的距离等宏观价值和意义。这些意义不只是营销的一部分，而应当是企业数据产品化的机会识别点。

7.2 数据产品化设计流程

数据产品化的设计流程可以分为三个大步骤：第一步是通过分析社会、经济、技术和意义因素，识别出数据产品化的机会；第二步是通过分析数据的采集、处理和应用环节力所能及的能力，选择适合现阶段数据产品化的价值层次；第三步是通过分析想要达成实时化、自动化和模板化的目标与自身技术能力的匹配度，决定数据产品化的价值效能程度，如图 7-2 所示。

中国银联有条件采集到全国所有标有"银联"卡标记的详细消费数据。中国联通有条件采集到全国所有联通手机卡的地理位置数据。这两家单位都拥有稀缺的数据资源。下面讲解中国联通和中国银联数据的产品化过程，验证数据产品化三部曲的实践效果。

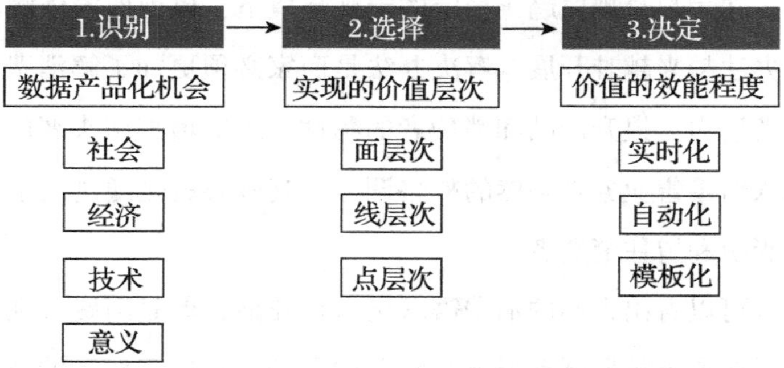

图 7 - 2　数据产品化的设计流程

有一家大数据公司看到数据产品化的机会，联合中国银联和中国联通共同开发面向地产行业提出大数据解决方案。为了保护相关单位的隐私，本书将这家大数据公司以代号"W 公司"表示，将大数据解决方案以代号"K 产品"表示。

7.2.1　识别数据产品化机会

首先，W 公司需要从社会、技术、经济和意义四个方面综合分析和考量数据产品化的市场机会。

1. 社会因素分析

据赢商网（http://down.winshang.com）统计，2017 年全国计划开业的购物中心有近千个，而购物中心空置率季度环比平均涨幅高达 5.3%，近一半城市商场空置率超警戒值；同时数据显示，由于实体商业流量的粗放运营，购物中心平均高频客流占比低于 6%，每年有超 15 亿的实体商业流量被浪费。

从上述内容可以看出，商业地产的市场空间巨大，但是问题很具体，即商业地产的供需矛盾日益突出，经营下行压力加剧，盘活存量资产和优化运营成为商业地产生存的关键。

2. 经济因素分析

随着全国人口增速下滑，中国已是人口存量市场，对线上业务和实体经济都产生了深刻影响。在用户总规模趋于稳定的宏观环境下，以前商家依赖不断拉新客户来提升业绩的办法越来越难开展。解决办法是商家必须更加了解消费者，深度挖掘现有客户的消费潜力，提升产品和消费者的黏性，才能增加回头客的数量。阿里巴巴集中资源投入新零售业务是必然的战略调整，其核心就是通过线上和线下的一体化购物体验来吸引和留住消费者。

从上述内容可以看出人们的消费需求仍保持旺盛，但是消费习惯和消费重点正在转移，企业需要通过数据驱动线上与线下的联动，重视消费者的体验，才能获得可持续的市场利润。

3. 技术因素分析

近年来，人工智能和虚拟现实等新技术在地产中的应用越来越广泛，如新技术在精准营销方面的应用，使得人们可以感受到商场所提供的商品和服务可以匹配周边小区人群的消费能力，商场变得不再总是那么高大上；新技术在运营和物流系统的应用，实现了自动化仓储以及高效配送，使得人们可以感受到商场提供的食物变得新鲜；新技术也被应用在增强消费者体验方面，如导购机器人也使购物变得更有趣。在这些新技术的促进下，商业地产在数字化程度方面普遍提升，实体元素合理高效的管理和分配为消费者提供了无缝的购物体验。

从上述内容可以看出，移动互联网和大数据技术正在改变消费者的消费方式，只有通过线上和线下商业地产数据资产的整合，进行精准画像及追踪投放，才能全面提高营销效果。

4. 意义因素分析

商业地产大数据的直接服务对象是不同社会组织，包括政府组织、企业组织、非营利性组织和社会个体。不同社会组织对数据特征的需求点不一样，其中，企业组织对数据的需求量最大。企业组织按经济性质分为国有企业、外资企业、民营企业和个体私营。作为数据使用需求者的企业，不同企业类型关注点不一样。例如，电商企业和银行将数据安全性排在第一，而手机游戏公司更关心数据的及时性和实用性，因为手机游戏的生命周期都比较短，可能只有一两年，所以它们考虑的是怎样在有限的时间里利用好数据，带来更多利益。

从上述内容可以看出，商业地产大数据要根据不同的目标用户群输出不同的解决方案，才能满足不同群体在意义方面的诉求。

7.2.2 选择实现的价值层次

W 公司需要从采集（Collecting）、处理（Interpreting）和应用（Contextualizing）三个基本加工环节（简称为 CIC 通用模式），去综合判断和选择中国联通和中国银联这些数据可以实现的价值层次。

1. 数据采集

基于前面章节对数据产品化机会的分析，要解决前面所述的商业地产供需矛盾问题，需要分别从线上和线下推进工作。其中，线下部分需要对线下商业的人流消费力及画像进行准确预测和评估；线上部分需要整合会员、电商、广告和交易记录等数据，对整合后的消费者进行画像，再通过推广渠道有计划的多次触及。

这两部分的分析，都需要多个维度的数据支撑，那么数据从哪里来？有四个通道：①通过合作采购：中国银联线下消费数据、中国联通用户数据、阿里巴巴线上消费数据、智慧城市移动数据；②通过网络爬虫：社交网站、垂直论坛、房地产网站、旅游网站、电商网站；③通过人工查询：政府公开信息、工商注册信息、环保汽车数据；④通过企业自身：内部用户关系管理数据、业务交易数据、营销渠道数据。

以中国银联和中国联通的合作采购为例，见表 7 - 1。这两家最大合作商的数据量非常大，如来自中国银联智惠的数据，包括 9 亿持卡人日均产生的 6000 万笔交易流水，3000 万家商户的 54 万亿年交易金额；来自中国联通智慧足迹的数据，包括 4 亿多的联通用户所持的 8.2 万个不同终端型号日均产生的 170 亿条计费详单。

131

表 7 – 1　数据产品化要面对的大数据

数据来源	数据内容	数据量
中国银联智惠	存量流水	5 年多
	银联卡	45 亿张
	境内联网商户	1200 万家
	日均交易流水	6000 万笔
	增量流水同步	实时
	银联持卡人	9 亿
	境外联网商户	3000 万家
	年交易金额	54 万亿
中国联通智慧足迹	用户量	4 亿多
	Web 网址	3.2 亿
	手机品牌	2000 多个
	上网记录	3800 亿条
	用户标签	3000 多个
	互联网产品	6 万个
	终端型号	8.2 万个
	条计费详单	170 亿

　　具体合作办法是：W 公司作为数据资源整合商，在中国联通和中国银联的机房搭建二级数据库虚拟环境，与数据源隔离。W 公司租用一个带计算机的工位，在机房的虚拟环境中查询和分析数据，清洗前后的数据都留在临时数据库中，不能被私自带出机房。数据分析后的结果提交给中国联通和中国银联审查，通过数据安全要求的严格审查后，W 公司可以将数据分析后的结果带出机房。假如 W 公司需要再查询其他最新数据，还需要再次走审核流程。

　　这种合作采购的方式也有其他好处：①双方公平交易，合法合理，没有法律上的纠纷问题，作为数据资源整合商的 W 公司能根据市场需要查询到真正有价值的大数据；②中国联通和中国银联作为数据源提供商可以有可持续的营收，因为每次数据处理者要提取最新数据和修改不同查询准则，所以每次都可以收费；③W 公司按每次读取的数据量付费，每个业务的成本变得线性，账也比较好做；④W 公司无须存储数据，数据安全和隐私的责任由中国联通和中国银联维护，省去很多信息安全合规上的麻烦。

2. 数据处理

对于作为数据资源整合商的 W 公司而言，由于源数据是合作采购的，自身并没有拥有源数据，那么数据处理环节就成为数据产品化的核心竞争力。此时，人才的技术能力和业务能力是构建竞争优势的关键。W 公司的数据分析团队由一批曾在甲骨文（Oracle）从事大数据研发的技术骨干和来自中国科学院的数理统计博士构成，同时与大学联合建立大数据技术人才培养机制，从而大数据全链条整合能力得到保障，包括数据清洗和核心分析算法等。W 公司的业务专家团队由具有商业地产 10 年咨询经验的管理人才和具有 20 多年地产行业经验、精通住宅地产的交易及项目策划人组成。

因为中国银联和中国联通可以提供的源数据量非常大，要对这么多数据进行处理需要大量的时间和人力成本，何况数据源提供商是按查询和处理的数据量来收费的。所以，必须分析"K 产品"需要哪些核心数据，要衡量应该采集和处理多少数据量才算足以满足商业地产大数据解决方案的实际需要，如商铺价值评估、商业品牌拓展选址和已营业商场的运营优化等。

通过盘点所有可能数据源，例如，中国银联智惠提供的海内外基于刷卡机的商家经营数据和用户订单数据；中国联通智慧足迹提供的位置轨迹、上网行为、用户属性和移动终端类型等消费者信息数据，以及商圈客流数据和商业迁徙等核心商业数据；安居客提供的全国范围的住宅、商铺和写字楼等统计数据。为了提高数据分析效率和质量，"K 产品"团队确定了九大核心数据，见表7－2。

表 7 - 2　数据产品化的九大核心数据

核心数据	内容示例
商户经营数据	商品类别：ZARA 日交易数：2013 个 单笔金额：460 元 日交易额：2350000 元

（续）

核心数据	内容示例
商户位置数据	东经：116.3350° 北纬：40.07493°
商场经营数据	商品类别：服装/餐饮/儿童 平均单笔：1460 元 日总金额：2235000 元 日均笔数：5111 个
用户消费数据	商品类别：女装 交易金额：370 元 交易时间：2017/8/7 – 14：00 交易卡号：6×××　××××　××××　××××
用户位置数据	东经：116.3350° 北纬：40.07493° 时间：2017/9/10
线上行为数据	客户来源：京东/去哪儿/安居客 操作顺序：查询—购物车—支付 网页浏览：新闻网站—点击—评论
租赁市场数据	面积：242m² 类型：商业街底商 租金：4.6 元/m²·天 售价：12000 元/m²
城市地理数据	小区数据：名称—位置—户数 楼宇数据：名称—位置—建面 交通数据：线路—站点位置—名称 建筑区域：故宫—医院—欢乐谷
社交媒体数据	声量值：王宝强—1000000 条 关注点：财产—经纪人—马蓉 口碑度：正向 65%—中性 30%

3. 数据应用

W 公司是一家致力于数据产生价值的企业，专注于为垂直行业提供大数据产品和服务。"K 产品"是面向商业地产行业提供大数据解决方案，主要提供如下服务：

1）提供商业主题和入住品牌的咨询服务。通过分析商圈周边人群历史消费数据和兴趣偏好数据，以及商业地产运营效率的通用指标模型，洞察潜在消费人群的生活习惯、喜好特点、消费诉求和消费能力，推荐可行的商业主题和适合入住的品牌商，如本商业地产应该以餐饮还是娱乐为主，应该引入高端还是大众品牌等。

2）提供店铺内容和建设规模咨询服务。通过分析商圈周边人口属性和近期变化趋势数据、消费频次数据，以及全国零售行业的主流内容和趋势数据，计算出商圈的租金成本和店铺预期营收等，给出本区域内合理的商业内容和店铺位置和规模，如店铺需要多大面积，最佳营业时段，哪个地段或朝向适合开什么内容的店铺等。

7.2.3 决定价值的效能程度

1. 产品研发过程

用户不关心"K 产品"是什么或者是怎么做出来的，用户关心的是能否解决他们商业地产中的实际问题，刚开始也没信心和预算来购买一套还没产生价值的产品或服务。所以，"K 产品"不可能闭门造车做出来，而是在和用户的反复交流中迭代开发出来。

利用已知的因果关系构建一个可以互动体验的模型，不断调整参数，推理出自然演变过程中的未知影响因素，是现代科学试验的显著特征[8]。该观点应用到产品设计中，就是强调和用户一起沟通和确认需求的原型的重要性。"K 产品"在研发过程中的基本过程如下：

1）W 公司的业务团队事先通过渠道了解到某个商业地产公司是潜在的客户，需要盘活存量的商业资产。值得注意的是，此时客户很少会说想通过大数据来解决他们的问题，他们关心的是解决问题，至于用什么办法解决是 W 公司要告诉他们的。业务团队根据和客户沟通得到的需求，用最低成本先做设计效果图，虽然显示的是虚拟数据，但给客户的感觉是该产品原型和真的系统一样。

2）W公司的业务团队拿该产品原型和客户沟通需求，一方面通过直观的原型确认客户前期需求描述的准确性，另一方面通过讨论原型中的功能是否能解决他们的问题；通过该产品原型可以让客户相信"K产品"有能力解决问题，为接下来的商务洽谈做良好铺垫，这也是数据产品化很重要的一个策略方法。

3）W公司的技术团队根据原型开发出实际功能，同时业务团队继续和客户保持沟通，如此反复迭代直至客户问题被最终解决。在此过程中，不仅客户的需求得到满足，赢得了客户的信任，而且服务费用也收到了，关键是"K产品"的实际系统也被开发出来了。

4）当上述的单个案例积累到几十个时，W公司就可以发现行业中共性的需求点，通过提取公共的功能模块，并不断完善各个功能点的成熟度，这个功能模块就可以相对独立运行，然后通过可配置的参数，形成灵活可配的面向商业地产的大数据行业解决方案。

2. 场景的模板化

为了提升数据产生价值的效能，更好地服务全国的商业地产商，W公司从几十个案例中提炼共性需求，梳理出五大应用场景，并有针对性地给出模板化的解决方案。

例如，从汇银乐虎、星巴克、雕刻时光和唯思凡的案例项目中提取了五个共同功能点构成商铺经营评估场景，接着围绕该场景梳理出所需的相关数据，如商铺的位置、经营业态、商铺面积、类型和楼层等核心数据，然后针对这个场景提出模板化解决方案，用于帮助用户预测目标商铺的经营情况，从而为开店决策提供参考依据，系统将根据相关数据自动分析辐射范围，并生成评估报告。

3. 方案的可配置

面向客户需求的数据化项目管理，是将数据提取、存储、清洗和分析等过程的程序打包，将清洗后的数据分类组合好，将独立项目中的共性需求保存为解决方案模板。

这些解决方案模板以可视化的方式提供给业务部门，业务人员根据不同客户的特点，很快就可以形成新的解决方案，连接数据源后就可以直接运行，如图 7 - 3 所示。

通过该解决方案模板，可以快速配置出下面这些功能模块：

1) 商业选址，即店址选择，包括指定店铺的品牌名称、所在城区、预计开店时间；根据银联数据，建立全国主要城市的商圈模型；计算城区内商圈的租金成本，周边人口变化，类似店铺营收；结合以上数据，生成最适合开店的商圈输出结果。

2) 创客通 – 大数据 DSP 定向投放，包括通过不同路径获取客户标识；通过客户标识识别行为，完成客户群画像分析。

3) 拓客通 – 微信 LBS 定点拓客，包括用社交化营销方式取代电话、短信和派单等传统营销模式，不仅没有区域限制，到达率和性价比更高，而且地点覆盖小区、园区、商业中心、地铁站和精品售楼处等。

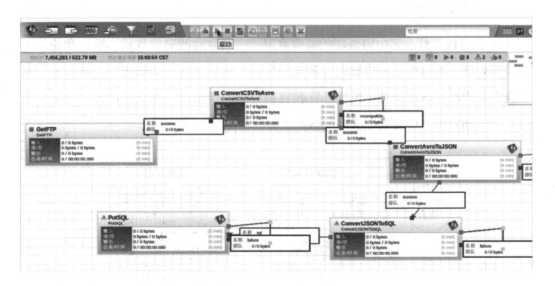

图 7 - 3　直观的数据流配置

为了快速准确地根据配置生成可以运行的大数据解决方案，需要对线上和线下的数据进行管理，有以下几方面的工作：

1）数据源管理。可以配置哪个数据源，有哪些数据，而且可以通过配置数据源的数据更新同步机制，保障第一时间获取到最新的数据。例如，消费能力相关数据来自中国银联，"K产品"就和中国银联深度合作，在中国银联的机房内部建立临时数据库，在保障数据安全的前提下，可以做到每隔1h刷新消费统计数据。

2）数据集管理。因为客户的需求往往需要关联多方面的数据才能满足，为了快速响应需求，可以事先将常用的数据归类到不同数据集。例如，"K产品"将商铺位置、面积、类型和楼层等数据归为商铺信息数据集，方便快速调用来支撑各类分析业务。

3）运算流配置。要得到最终的诊断分析结果，需要对多个节点的数据集进行合理的组合运算，包括采用人工智能技术按指定的步骤运算并生成所需的图表。例如，要决策哪个地点适合开星巴克，需要计算周边的人流量和购买力数据。

4. 提供数据产品

W公司首先整合了中国银联的消费数据、中国联通的通信数据、政府和论坛上公开的数据、芝麻信用征信数据等各类源数据，然后这些商场周边的人群特征和消费能力数据经过数据清洗、模型计算和数据分析，预制出一些通用的报告图表，形成一个个相对独立但又相互关联的数据产品，如图7-4所示。

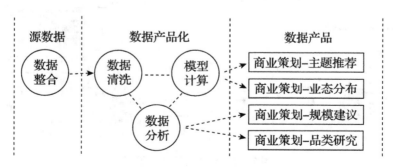

图7-4 多样化的数据产品

同一个商场位置，有些人会咨询是否适合开咖啡店，有些人会咨询是否适合开酒店，上述的预制数据图表不能满足需求。所以，该解决方案还需要根据不同的咨询内容，对人群特征和消费能力数据进行再处理，最终输出有针对性的结论或建议，这些结论或建议内容可能差异很大，甚至完全相反。假设万科房地产公司计划在成都建一座商场，那么万科需要主动找"K 产品"，通过分析商圈周边人口属性和近期变化趋势数据、消费频次数据，以及全国零售行业的主流内容和趋势数据，计算出商圈的租金成本和店铺预期营收等，给出本区域内合理的商业内容和店铺位置和规模，如店铺需要多大面积，最佳营业时段，哪个地段或朝向适合开什么内容的店铺等。通过数据来决策商业地产选址，能够解决上述问题。

　　面向商业地产行业的大数据解决方案是由一系列数据产品构成的，每个单一的数据产品都能给客户带来价值，所有数据产品共同构成了商业地产大数据解决方案。

参 考 文 献

[1] SIMON H A. The Sciences of the Artificial [M]. Cambridge：MIT Press, 1969.

[2] BUCHANAN R. Design Research and the New Learning [J]. Design Issues, 2001, 17 (4)：3 –23.

[3] CAGAN J, VOGEL C M. Creating Breakthrough Products：Innovation from Product Planning to Program [M]. Upper Saddle River, NJ：Prentice Hall, 2002.

[4] 李满海. 基于价值维度的数据产品化设计研究 [D]. 澳门：澳门科技大学, 2019.

[5] KRIPPENDORFF K. Intrinsic Motivation and Human-Centered Design [J]. Theoretical Issues in Ergonimics Science, 2004, 5 (1)：43 –72.

[6] DAVID P A. Knowledge, Property, and the System Dynamics of Technological Change [J]. The World Bank Economic Review, 1992, 6 (1)：215 –248.

[7] 李立新. 设计价值论 [M]. 北京：中国建筑工业出版社, 2011.

[8] MITCHAM C. Ethics Into Design [M]. Chicago：University of Chicago Press, 1995.

鸣　谢

本书挺难写。一个原因是本书的内容带有前瞻性的研究性质，理论构建的过程是从极不稳定到不稳定，再到相对稳定，期间提出的任何观点都要接受各类案例的反复拷问。比如黑洞照片凭什么算零级数据产品？百度地图算不算数据产品？所以，斟酌的过程备受煎熬，部分章节多次重新修改。另一个原因是数据本身是非物质形态，看不见摸不着，可以一两句就讲完，也可能长篇大论讲不清。虽然撰写本书之前，作者已经调研和积累了大量企业案例，但是如何清晰地组织、合理地呈现这些案例是个费脑筋的事情。

所幸的是，本书得到了辛向阳教授的指导以及辛师门博士同学们的帮助，特别是虞昊博士以严谨的工程思维不断推敲内容逻辑的漏洞，才使得本书所提出的理论框架逐步趋于稳定。感谢大家！

特别感谢 XXYInnovation 的小伙伴们！与其说本书是我和辛向阳教授合著，不如说本书是"辛思想"的组成部分。

李满海

2019 年 9 月